Excelで学ぶ やさしい統計学 第2版

Graphically Statistics for beginner

田久 浩志 著

Ohmsha

本書に掲載されている会社名・製品名は、一般に各社の登録商標または商標です。

本書を発行するにあたって、内容に誤りのないようできる限りの注意を払いましたが、本書の内容を適用した結果生じたこと、また、適用できなかった結果について、著者、出版社とも一切の責任を負いませんのでご了承ください。

本書は、「著作権法」によって、著作権等の権利が保護されている著作物です。本書の複製権・翻訳権・上映権・譲渡権・公衆送信権（送信可能化権を含む）は著作権者が保有しています。本書の全部または一部につき、無断で転載、複写複製、電子的装置への入力等をされると、著作権等の権利侵害となる場合があります。また、代行業者等の第三者によるスキャンやデジタル化は、たとえ個人や家庭内での利用であっても著作権法上認められておりませんので、ご注意ください。

本書の無断複写は、著作権法上の制限事項を除き、禁じられています。本書の複写複製を希望される場合は、そのつど事前に下記へ連絡して許諾を得てください。
(社)出版者著作権管理機構
（電話 03-3513-6969, FAX 03-3513-6979, e-mail: info@jcopy.or.jp）

JCOPY ＜(社)出版者著作権管理機構 委託出版物＞

まえがき

　統計学は難しいという概念が一般的です。そして、数学が得意でない学習者に数式で統計学をやさしく理解させることは至難の業です。わかりにくい内容をいかに学習者に理解させるかは、教育者にとっての永遠の課題です。

　そこで、「自分で作成したデータを自分の手で解析することで、その分布を体験し、納得して統計を理解する」というコンセプトで、本書を作成しました。Excelの上で、各種の分布に従うデータを大量に作成し、集計表とグラフを作り、平均や分散はどうなっているか、データが少ないときと大量のときとではグラフの形はどう変わるのか、などを自分で体験すれば、納得して統計学を理解できるはずです。

　それと同時に、2つの標本の分散の差はなぜ分散の和になるのか、複雑な t 検定の公式の意味はなにか、ポアソン分布の λ とはなにかなど、学習者が持つであろう素朴な疑問には、できるだけ分かりやすい説明をつけました。同時に、やはり自分でデータを作成して解析し、納得していただく工夫もしました。

　統計を教える方も、学習する方も、「第0章　統計学の基礎を体験しよう」で解説する**デモファイル.xlsx** を使って、かんたんに大量のデータが作れてすぐにグラフ化できるという驚きを体験してください。そして、正規分布乱数、2個の正規分布乱数の平均、4個の正規分布乱数の平均の分布では、平均と標準偏差がどのような関係になるかを体験してください。今まで数式で理解しようとした内容が、自分の体験として理解できるはずです。

　統計嫌いをこれ以上増やしたくない、少しでも統計を楽しいという人を増やしたい、それを足がかりにビッグデータの解析などに進んでいってほしい。これらの願いから書いたものが本書です。

　本書は、Excelを使い、自分で体験して理解して納得して統計学を学ぶ本です。

2018年10月

田久　浩志

目　次

まえがき iii

第0章　統計学の基礎を体験しよう　　1
0.1　はじめに 2
0.2　本書で使用するExcelファイルについて 3
0.3　いずこも同じ統計嫌い 5
0.4　そもそも統計学とは？ 7
0.5　統計の基礎を体験しよう 9

第1章　集計表とグラフを体験する　　15
1.1　集計表とグラフをものにする 16
1.1.1　大量のデータを生成する 16
1.1.2　集計表（ピボットテーブル）の作成 19
1.1.3　棒グラフの作成 24
1.2　連続変数の集計―COUNTIFS関数で集計してグラフを作る 28
1.2.1　標準正規分布に従う乱数の生成 28
1.2.2　標準正規分布に従う乱数を集計しグラフを作る 29
1.3　実際のデータによる解析 31
1.3.1　データクリーニングとは 31
1.3.2　アンケートデータの修正 32
1.3.3　アンケートデータの論理的なチェック 34
1.3.4　新規の変数の追加 36
1.3.5　アンケートデータの活用 38
1.3.6　アンケートデータからの棒グラフの作成 41
1.4　アンケートデータのグラフ化―連続量のグラフ 42
1.4.1　折れ線グラフの作成 42
1.4.2　棒グラフの作成 47
1.4.3　箱ひげ図でデータの分布を把握する 49
1.5　平均と分散の求め方 54
1.5.1　生データから平均値を求める 54
1.5.2　集計表から平均値を求める 55

    1.5.3　偏差平方和、分散を求める 57
    1.5.4　基本的な方法で分散を求める 60
    1.5.5　計算を工夫して分散を求める 61
    1.5.6　通常の集計表から分散を求める 62
    1.5.7　標準偏差 63
    1.5.8　母分散と不偏分散 64
    1.5.9　そのほかの統計量 64

第 2 章　確率を考える　　67

  2.1　確率とは 68
    2.1.1　確率変数と確率分布 68
  2.2　可能性を考える―順列、組み合わせ、確率 69
    2.2.1　順　列 69
    2.2.2　組み合わせ 70
    2.2.3　Excel の関数による階乗、順列、組み合わせの求め方 71
    2.2.4　確率の基礎 72
  2.3　確率の分布を確かめる 74
    2.3.1　超幾何分布と LOTO6 74
    2.3.2　Excel による LOTO6 のシミュレーションの例 76
    2.3.3　確率の分布関数を用いた考え方 82

第 3 章　分布を考える　　85

  3.1　分布とは 86
  3.2　分布を体験する演習シートの作成 86
    3.2.1　演習シートの操作 87
  3.3　二項分布を体験する 91
    3.3.1　二項分布とは 91
    3.3.2　演習シートで二項分布を体験する 91
    3.3.3　数式で理解する（二項分布） 94
    3.3.4　演習シートで二項分布を体験する 95
  3.4　ポアソン分布を体験する 100
    3.4.1　数式で理解する（ポアソン分布） 100
    3.4.2　演習シートでポアソン分布を体験する 101
    3.4.3　【例題】ポアソン分布―交通事故死亡者数の発生頻度 102
  3.5　正規分布を体験する 104
    3.5.1　演習シートで正規分布を体験する 104
    3.5.2　数式で理解する（正規分布） 106

3.6 カイ2乗分布を考える 109
3.5.3 演習シートで標準正規分布を体験する 107
3.6.1 カイ2乗分布とは 109
3.6.2 カイ2乗値とは 110
3.6.3 カイ2乗分布を正規分布より求める 111
3.6.4 演習シートでカイ2乗分布を体験する 112
3.6.5 カイ2乗分布と分割表のばらつき 115
3.6.6 2×2の分割表の演習シート 116
3.6.7 1×4の分割表の演習シート 118
3.7 F分布を考える 120
3.7.1 分散の等しさを考える 120
3.7.2 F分布とは 120
3.7.3 演習シートでF分布を体験する 121
3.7.4 演習シートの汎用化 122

第4章 標本を比較する　　125
4.1 2つの変数の分布を考える―統計的な仮説検定法 126
4.1.1 統計学的仮説検定の考え方 126
4.1.2 【例題】棄却検定―歩く距離とヒールの高さ 128
4.1.3 両側検定と片側検定 130
4.2 データの分布を考える―仲間の中でのあなたの順位 131
4.2.1 正規分布に従う点数データの準備 132
4.2.2 点数の標準化 133
4.2.3 標準正規分布から偏差値、順位へ 134
4.2.4 偏差値を見るときの注意点 135
4.3 一部のばらつきから全体のばらつきを求める 136
4.3.1 標本から母集団を推測するには 136
4.3.2 データの準備 137
4.3.3 不偏分散と母分散の関係を体験する 138
4.3.4 分散の分布を体験する 140
4.4 平均のばらつきを理解する―平均は1つだけではないの？ 142
4.4.1 標本平均と母平均の関係 142
4.4.2 大数の法則を体験する 142
4.4.3 中心極限定理 145
4.4.4 平均に潜む誤差を考える 146
4.5 t分布を体感する―少ない標本から母集団を考える 148
4.5.1 標本の分布であるt分布を体感する 148
4.5.2 t分布の演習シートの作成 149

4.6　2つの平均の和と差の分布―違う2つが1つになって 151
4.6.1　統計学のくせもの、t検定 151
4.6.2　平均の差の性質を理解する 152
4.6.3　演習シートで標本平均を体験する 153
4.7　2つの標本平均を考える―t検定 155
4.7.1　数式の意味を理解する 155
4.7.2　演習シートでt検定を体験する 159

第5章　違いを考える　163
5.1　検定手法を選ぶには？ 164
5.1.1　データの種類と性質を押さえよう 164
5.1.2　変数の対応 166
5.1.3　検定手法の選び方 166
5.2　等分散の検定 168
5.2.1　BMIのばらつき 168
5.3　t検定 175
5.3.1　t検定をオーソドックスに行う方法 175
5.3.2　t検定をT.TEST関数で行う 177
5.3.3　演習シートで対応のないt検定を体験する 178
5.3.4　対応のあるt検定 179
5.3.5　演習シートで対応のあるt検定を体験する 180
5.3.6　Welchの検定をオーソドックスに行う方法 181
5.4　カイ2乗検定の演習 182
5.4.1　独立性の検定とあてはまりのよさの検定 182
5.4.2　【例題】独立性の検定―イッキ飲み経験の有無と年代の関係 183
5.4.3　2×2の分割表のカイ2乗検定を模式図で体験する 188
5.4.4　【例題】あてはまりのよさの検定（1試料カイ2乗検定）―サッカーの得点差 189
5.4.5　McNemar検定 191
5.4.6　【例題】McNemar検定―勤務中とプライベートでのメイクの違い 194

第6章　分散分析と回帰分析の実践　197
6.1　分散分析を理解する 198
6.1.1　多群を比較する 198
6.1.2　分散分析の概念 198
6.1.3　群間変動を示す変動和を求める 200
6.1.4　郡内変動を表す平方和 201
6.1.5　演習シートで分散分析を体験する 204

- 6.1.6 平均値の多重比較 207
- 6.2 【例題】分散分析の例題—3つの病院におけるヒールの高さ 208
  - 6.2.1 ヒールの高さに違いはあるか？ 208
  - 6.2.2 生データから分散分析を行う 208
  - 6.2.3 箱ひげ図による検討 210
- 6.3 回帰分析とは 211
  - 6.3.1 2つの変数の関係を考える 211
  - 6.3.2 演習シートで回帰分析を体験する 212
  - 6.3.3 かんたんに傾きと切片を求めるための散布図の作成 213
  - 6.3.4 回帰分析の概念 214
  - 6.3.5 回帰係数と切片を求める 215
  - 6.3.6 相関係数 216
  - 6.3.7 回帰分析と分散分析の関係 217
  - 6.3.8 演習シートで相関係数を体験する 220

第7章　U検定とWilcoxonの符号付順位和検定　　223

- 7.1 順位による検定 224
  - 7.1.1 「対応のない順序尺度の検定」と「対応のある順序尺度の検定」 224
  - 7.1.2 順位の性質 224
  - 7.1.3 U検定の概略 225
  - 7.1.4 U検定の詳細 226
  - 7.1.5 U検定を集計表で行う 228
  - 7.1.6 演習シートでU検定を体験する 229
- 7.2 Wilcoxonの符号付順位和検定 233
  - 7.2.1 【例題】少数データでの解析—友人と他人のイッキ飲みに対する印象 233
  - 7.2.2 演習シートでWilcoxonの符号付順位和検定を体験する 237

あとがき 242

- 初版あとがき 242
- 第2版あとがき 243

索引 244

第0章
統計学の基礎を体験しよう

　統計学とはどんな学問か？　という質問には、いろいろな回答ができます。筆者は、統計学を学習する初心者に対しては「統計学とはデータの性質や傾向を調べる学問です」と答えています。多くのデータから一部を抜き出して全体を推理することを推測統計学、多くのデータからグラフや表を作り傾向を考えることを記述統計学といいます。

　世の中に「統計学が嫌い」という人はたくさんいます。しかし、難しい統計の理論を知らなくても、昔から慣れ親しんでいるグラフや表を作るだけで、あなたが分析したいと思うデータの性質や傾向を知ることができます。まずは、少しずつ学習を進めていきましょう。気楽に、焦らずに進んでいくのが統計学に慣れ親しむコツです。

0.1 はじめに

■**本書の使用条件**
- Excel の基本的な操作ができる人
  Excel の分析ツールは使いません。Office 2016 の Excel を対象としています。

■**歓迎する読者**
- 統計は不得意だがなんとかしたいと熱望している人
- 少しでも学生に統計の仕組みを理解してほしいと願っている先生方
- 授業で統計を習ったが結局分からず、どうにかしたいと思っている人

■**本書の教え方に合わない読者**
- かんたんに検定の結果を出したい人
- とにかく結果だけ欲しい人
- 授業で Excel をサボっていた人
- 書いたとおりに表示されないじゃないか、とすぐに非難する人(演習で乱数を使う関係で、読者の操作と本書の操作の表示は異なります)

■**使用上の注意**
本書は統計学の教科書でも参考書でもありません。たとえていえば

- 体験して理解する基礎統計学
- 目で見て分かる統計基礎理論
- これで分かった基礎統計

といった趣旨の統計攻略本です。厳密な、理論的に正しい解説は他書に譲りますが、今まで迷路のように入り乱れていた統計解析の相互関係を少しだけきれいに整理して、自分でデータを作って解析することで「なるほど!」と体験する本です。

なお、本書で示した解析結果を仕事に応用して、なんらかの被害が生じたとしても、筆者および関係者は責任を負いかねます。各種の例題、演習シートは自己責任の範囲でお使いください。

よろしいですか? でははじめましょう。

■**学習の手順**
第 1 章では、大量のデータから「集計表」と「グラフ」を作成する方法について学びます。また、「平均」「分散」「標準偏差」の求め方を基礎から学びます。ここでは、

データの傾向を把握する記述統計的手法を学びます。

　第 2 章では、「順列」「組み合わせ」「確率」の基本的な話をします。複雑に見える確率の話も、確率密度関数のグラフを用いるとかんたんに理解できることを学びます。

　第 3 章では、各種の「確率分布」について学びます。数式だけでは理解しにくい各種の分布を、その分布に従う 10000 件の変数を発生させてグラフ化し、視覚的に理解します。ビジュアルとして分布を表示して、確率分布の概念を把握します。

　第 4 章では、平均の差の検定である「t 検定」に不可欠な「t 分布」を取り上げ、それにどのような意味があるのかを解説します。少し退屈かもしれませんが、本章をひととおりマスターしておけば「中心極限定理」「大数の法則」など、頭や数式だけでは理解しにくい内容を、体験を通して理解できます。一度、ここを通読することをおすすめします。

　第 5 章以降では実際のデータを取り上げて検定にかけ、どのような傾向が読み取れるかを解説します。本書の内容を読んで、少しずつ学習し、統計の世界に慣れ親しんでください。

0.2 本書で使用する Excel ファイルについて

■サンプルファイルのダウンロード

　本書で使用している Excel のシートは、オーム社の Web サイトからダウンロードできます。章ごとにフォルダが分かれているので、該当するフォルダから使用する Excel ファイルを選んでください。ファイル名には、そのファイルを使用する項番号が付与されています。

　ダウンロードは以下の手順で行います。

1. オーム社の Web サイト（https://www.ohmsha.co.jp/）にアクセスします。
2. 「Excel で学ぶやさしい統計学（第 2 版）」で検索します。
3. 検索結果から本書の情報が掲載されているページにアクセスし、「ダウンロード」タブから zip ファイルをダウンロードします。
4. zip ファイルを右クリックし、「すべて展開」を選んで解凍します。

■サンプルファイルの使い方

　サンプルファイルでは 10000 件のサンプルデータを使用します。ただし、一部の容量の大きなファイルには、10000 件のデータを生成するための数式のみが入力されており、データ自体はあなたが自分で作成する必要があります。もし、データ部分が、最初の 1 行

しかないファイルを開いた場合は、以下の手順に従ってサンプルデータを作成してください。

1. データ部分の一番左のセルにカーソルを合わせます。
2. 「Ctrl」+「Shift」+「右矢印（→）」キーで、その行全体を選択します。
3. 「Ctrl」+「C」キーで、選択した部分をコピーします（図 0.1）。
4. そのまま「Ctrl」+「V」キーで貼り付ける（図 0.2）と、設定されていた数式が 10000 行全体に設定されます。
5. 「F9」キーを押して、シートを再計算してグラフ表示を更新します。

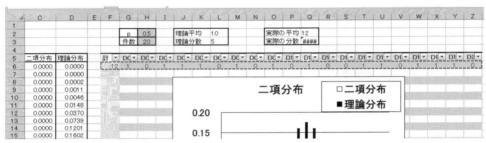

図 0.1　データの左端（セル F6）から右端（セル Z6）を「Ctrl」+「C」でコピーする

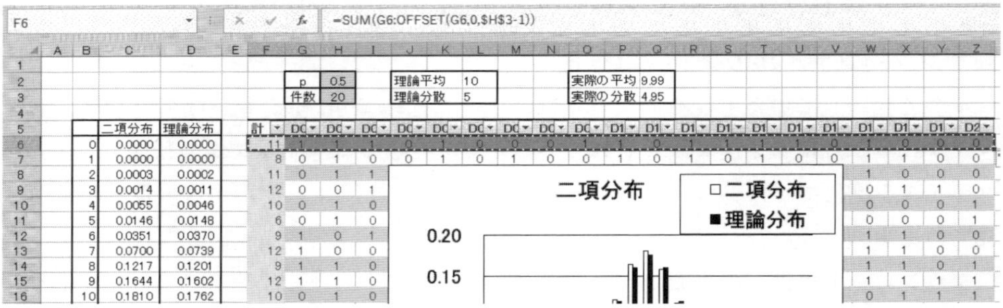

図 0.2　そのまま「Ctrl」+「V」キーでペーストする

■画面がフリーズしたように見えるとき

10000 件のデータを扱うことで PC の処理が極端に遅くなってしまった場合、以下の手順に従って、生成するデータの範囲を再設定してください。

1. メニューから「テーブルツール」→「デザイン」→「範囲に変換」を選び、テーブルとしての書式設定を一度解除します。
2. もとのデータ範囲より小さな範囲を指定して、データを縮小します。たとえば、もとの範囲がセル範囲 \$A\$5:\$A\$10005 であったとしたら、セル範囲 \$A\$5:\$A\$1005 などを指定することで、データ容量を少なくすることができます。

データが少なくなると表示は速くなりますが、グラフがやや荒く表示されるようになります。しかし、極端に少なくしないかぎり、学習自体には問題ないでしょう。

■ Excel のバージョンについて

本書で使用している Excel ファイルは、Microsoft Office Excel 2016 および Excel 2019 プレビュー版の Windows 版にて動作確認を行っています。Mac 版では動作確認はしていません。掲載されているキャプチャは Excel 2016 のものですが、Excel 2019 でも問題なく動作します。

■ Excel 関数の説明について

本書に掲載している Excel 関数の説明は、Excel 2016 のヘルプを参考にしています。

0.3 いずこも同じ統計嫌い

本書では、理論とともに自分の手で数値の解析を体験して、それを通して統計解析の技(わざ)を身につけます。

まず、あなたのまわりの優秀な友人を思い出してください。友人の多くは統計学が苦手のはずです。

2018 年現在、統計の基礎になる「関数」「順列」「組み合わせ」は中学校で習いますから、あなたも統計をマスターできるはずです。しかし、数学が嫌いなため、あるいは統計と無縁の世界で暮らし続けたため、それらの基礎を忘れてしまった方がかなりいます。そのため、統計の理論から始めようと思っても、入り口でつまずいてしまいます。しかし、今後を考えると、統計を苦手のままにしておくわけにはいきません。

苦手な原因を考えると

- 教える内容が難しすぎる
- 解析するデータが浮世離れしている
- ピンとこない、実感がわかない
- 基本的な考えがよく分からない

などがあげられます。これらについて、もう少し考えてみましょう。

■教える内容が難しすぎる

以前、統計学の入門書を書こうと思い、東京の八重洲ブックセンターで 16 冊の本にざっと目を通したことがあります。16 冊目で悟りました、「自分もこれらの本では理解

できる自信はない。ほかの人はいったいどうしているのだろう？」と。それが本書を書くきっかけでした。

　専門の先生が専門用語と数式を使って正しく解説することに、私はなんら異を唱えるものではありません。しかし統計を、数式、理論で誰もが理解できるのであれば、大半の人が統計をすでにマスターできているはずです。筆者は授業で「学生が数式と理論で理解できるなら、統計教師は楽なもの」と話して、もう少し体験的に統計を理解しようと呼びかけています。

　実は、筆者も大学で統計を専門的に学んだわけでもなく、数学科を出たわけでもなく、必要に迫られて四苦八苦しながら実務に統計を役立てた者なのです。そのような者が、どうやればみんなが分かるだろうかと必死で考えたのです。そして、本書のような統計の基礎を体験して理解する本が生まれました。

■解析するデータが浮世離れしている

　学習者は喜んで統計学を勉強するとは限りません。「なにか自分にとってメリットになることがないか」と考えながら学習するはずです。そのようなときに、パンの重さ、ラーメンの値段、単なる体重、身長などが例題に出てくると「なんだこれは、人を馬鹿にしているのか、だからなんなんだ！」と、興味を失ってしまいます。

　以前、統計ソフトウェアのSASの学会で、SAS社の方がいっていたことが今でも強く印象に残っています。

> 「先生にとって銀行、保険、消費者金融は同じような仕事に見えるでしょう。しかし、銀行の人にとって保険や消費者金融の方の業務内容を統計の例題としてもあまり興味がないのですよ。それと同様に、保険や消費者金融の人に銀行の業務内容を例題として統計を勉強してもらうのも難しいのです。つまり自分が関心のない業務内容を例題にして勉強をしてもらうのは、ちょっと無理ですね。」

　なるほど確かにそうです。誰もが興味を持つ例題で学習が始められればそれが一番です。しかし、これはなかなか難しい問題です。

　そこで本書では、誰もが少しは興味を持てるであろう、宝くじのLOTO6を「順列」「組み合わせ」「確率」などの説明で取り上げています。また、実際の検定の例題として、身近な問題を数多く取り上げています。本書で扱うような例題に対して、性別や年代ごとにどのような認識を持っているかは、非常に興味深いところです。少し頭を使うと、これらの解析結果は、仲間との飲み会や食事会でのコミュニケーション、あるいは営業活動などの参考になることに気が付きます。そうすれば、トラブルを自ら作ることなくチャンスを得ることができます。

■ピンとこない、実感できない

統計の教科書で「これは○○分布に従います」と頭ごなしにいわれることがありますが、ただでさえ統計が苦手だと思っている読み手の方は「おいおい、本当かよ。証拠を見せてくれよ」といいたくなるはずです。それに、いろいろな分布のグラフを見せられても「だからどうなのだ。それがなんの役に立つの？ 自分が集めたデータはとにかくこれなんだ！」と思うでしょう。筆者も常々そう感じてきました。

そこで本書では、特定の分布に従うデータを大量に作成し、それからグラフを作って、データの分布を体験するという方法をとりました。こうすると、自分の集めたデータの統計量が全体の分布のどこに位置するかが分かります。そして、めったに生じないことが起きたのか、もしくは頻繁に生じることが起きたのか説明できるようになります。

■基本的な考えがよく分からない

統計の学習では「順列」「組み合わせ」「確率」「平均」「分散」「変数の分布」などの概念の理解が重要になります。しかし急に、「この分布の平均と分散はこうなります」「この分布は○○分布になります」といわれても、納得できない人が大半です。実はなにを隠そう、筆者の私もそうでした。

基本の基本を正しく理解するのは重要ですが、本書では厳密な説明は行っていません。「こういわれているけれど、まずは実際にデータを作って基本的なところを体験しましょう」という立場をとっています。実際に、作成した10000件のデータをもとに、平均、分散をとってみると「おや、いわれたこととほぼ同じになったな。しかし少し誤差があるな」と納得してもらえるはずです。

また、「分布の差の分散がなぜおのおのの分布の分散の和になるのか」「不偏分散を求めるのになぜ $n-1$ で割るのか」などを数式で証明しようとすると、七転八倒の苦しみが待っています。こちらも、実際にデータを作成して分析して体験すると、「なるほど」と納得できるはずです。これらの「なるほど」と納得した体験は、あなたの大きな財産になるはずです。

0.4 そもそも統計学とは？

統計と聞いて、皆さんはどのようなイメージを持たれるでしょうか。筆者のまわりで聞いてみると、「難しい」「一度習ったが、まるで分からなかった」「どこかだまされているような気がする」など、あまりよい印象を持っていない人が多いようです。

以前、総務省統計局のホームページの子ども向けの統計の解説には分かりやすい記述

がありましたが、残念ながら本書を執筆している 2018 年には削除されていました。そこでは以下のように書かれていました。

> **統計（とうけい）って？**
> 　集団（しゅうだん）をつくっている多くの人や物がもっている特徴（とくちょう）や性質（せいしつ）を調べ、その特徴や性質を一定の基準で区分することにより数値化（すうちか）すること。また、その結果として得られた数値。
> 　たとえば、クラスにいる生徒とか、男子とか、女子などの、ある決まった条件の集団を調べた結果をまとめたりして得られる数値。
> 　あとは、視聴率（しちょうりつ）など、ある一定の時間にどのくらいの人が、その番組を見てるかを調べた結果をまとめたりして得られる数値。
> 　そのほかにも、みんなの住んでいる町の人たちとか、会社とかを調べた結果をまとめたりして得られる数値などがあります。

　統計学の定義はいろいろとありますが、ある意味で上記の「統計」について考える学問が、統計学といえます。

　さて、統計学には、「記述統計学」と「推測統計学」の 2 種類があります。

　記述統計学は、調査や実験などを通して手に入った大量のデータを記述することを目的とします。「度数の分布」「平均値」「分散」「相関係数」といった指標を用いてデータを説明するのです。大量のデータを集めて全体の傾向を探ることが記述統計学といえます。

　記述統計学の分野では、本書の中で説明する回帰直線を作った F. ゴルトン（1822～1911）や、相関係数に今も名が残る K. ピアソン（1857～1936）が有名です。日本人なら多くの人が知っている F. ナイチンゲール（1820～1910）も、彼らの友人で統計学者でした。ナイチンゲールは看護技術で有名になったのではなく、記述統計的手法で野戦病院の死亡率を改善した管理手法で有名になりました。同じく、ナイチンゲールと同じ病院にいた日本人で、記述統計学的手法で脚気の撲滅に力を注いだのが高木兼寛（1849～1920）です。

　記述統計学は大量のデータを用いて全体の傾向を探ります。しかし、なんとか一部だけで全体の集団の傾向を推測しようという流れが起こりました。これが**推測統計学**です。この基礎を築いたのは R. A. フィッシャー（1890～1962）です。彼は農場において、日あたり、品種、肥料、水はけなどを考慮して作物を育てる過程で、それらの要因が作物の収穫に与える影響について研究しました。フィッシャーの偉大さは、調査研究の対象となる事柄や性質を有するもの全体を示す「母集団」と、その一部を取り出した「標本」という考えを提案したことです。農場の作物全部を調査したら大変な手間です

が、標本から母集団を計ることができれば手間ひまが省けます。

本書ではExcelを使って基礎的な統計の学習を行います。記述統計学的な手法として、「Excelでの表」「折れ線グラフ」「棒グラフ」「散布図」の作成、および基本的な統計量である「平均」「分散」「標準偏差」などの求め方を学びます。推測統計学的な手法については、Excel付属の「分析ツール」は使わずに、自分で計算して各種の検定を行う技術を学びます。

統計学といっても、「全体の傾向を探る」「一部から全体の傾向を探る」あるいは「2つのグループの比較をする」だけの話です。それらの手法を身につければ、自分の仕事をしていくうえで自信を持って現状を判断して将来を予測し、より的確な判断ができるようになるでしょう。苦手な人が多い統計学ですが、地道に学べば誰でも習得できます。焦らずに学習をしてください。

0.5 統計の基礎を体験しよう

私は何十年も初心者向けに統計を教えてきましたが、いろいろと講義に工夫をこらしても、理論や数式だけでは統計を理解できる人を増やせませんでした。

しかし私には、「自分の手で大量のデータをグラフ化してその分布を眺めたとき、統計学に対する理解が急速に深まった」という自分自身の経験がありました。データをグラフ化する手法を使うことで、「自由度1、自由度3のカイ2乗分布の違い」「中心極限定理」「大数の法則」などを、「あ、こうだったのか」と実感できたことがあるのです。

本書は、そんな私の体験をもとに構成、執筆されています。読者の皆さんには、自分で大量のデータをすばやく生成して集計することで、統計学の基本的な概念を体験してもらいます。

この手法は、もともとは『Excelで学ぶやさしい統計学』（田久浩志 著、オーム社、2004.2）で私が提案したもので、今回の改訂にあたって、Excelのバージョンに依存しないように書き直しました。ぜひ、自分の手でデータを作って解析し、もとのデータを更新して、グラフの変化を体験してください。

まずは、**デモファイル.xlsx**を使って、「F9」キーを押すことで統計の基礎を体験しましょう。

このファイルでは、平均＝0、標準偏差＝1の標準正規分布に従うデータを、セル範囲H2:H10002にかけて10000個作っています。生成されたデータを列Eと列Fで集計し、それをグラフ化したものが右に表示されています。そして、列L:列Mで平均と標準偏差を求めています。

グラフの縦方向の 5 本の直線は、平均と ±2 標準偏差、および ±1 標準偏差に対応しています（図 0.3）。「F9」キーを押すとデータは再生成されてグラフの形状が変化しますが、標準偏差と平均の値はほとんど同じです。±2 標準偏差より外側のグラフの領域、つまり件数の合計は全体の約 5% でしかありません。

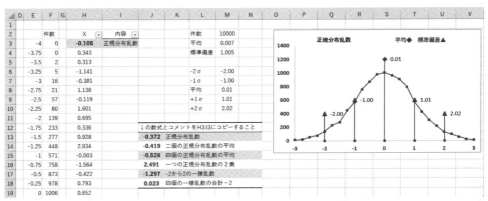

図 0.3　1 個の標準正規分布乱数をグラフ化する

図 0.3 の画面中央下段の表中にある、数値部分および横のコメント、たとえば「−0.419」「二個の正規分布乱数の平均」と書かれている 2 つのセルをコピーして、セル範囲 H3:I3 に貼り付けます。そして「F9」キーを押すと、グラフの形状が変わり、かつグラフの中のタイトルも変わります。

図 0.4 は、表の 2 行目の「0.629」「二個の正規分布乱数の平均」の部分をコピーして、セル範囲 H3:I3 に貼った結果です。図 0.3 と比べてグラフの幅が狭まり、平均近くの件数が増えています。セル M4 の標準偏差は約 0.7、つまり $1/\sqrt{2}$ になりました。

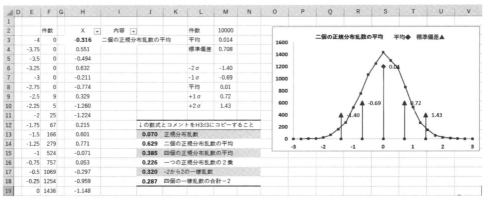

図 0.4　2 個の標準正規分布乱数の平均をグラフ化する

今度は、図 0.4 の表 3 行目の「0.385」「四個の正規分布乱数の平均」の 2 つのセルをコピーして、セル範囲 H3:I3 に貼り付けます。すると、図 0.5 のように、4 個の標準正規分布乱数の平均の分布を示すようになりました。

図 0.3 および図 0.4 に比べて、さらにグラフの幅が狭まり、平均近くの件数が増えています。標準偏差は約 0.5、つまり $1/\sqrt{4}$ になりました。

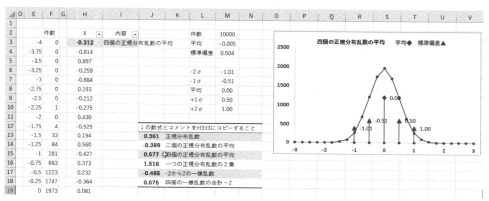

図 0.5　4 個の標準正規分布乱数の平均をグラフ化する

医学系の実験では、「例数を 4 倍にすると標準偏差は 1/2 になる」と習うのですが、その言葉だけではまるで実感はわきません。しかし、こうして目に見える形で「体験」すると、統計の基礎を直感的に理解できます。

図 0.6 は、図 0.5 の表 4 行目の「1.516」「一つの正規分布乱数の 2 乗」を使いました。これは標準正規分布に従う乱数を 2 乗した結果をグラフ化したもので、自由度 1 のカイ 2 乗分布になります。この場合、平均は約 1、標準偏差は約 1.4 になっています。

カイ 2 乗分布の学習の過程で、「平均は自由度に等しく、その分散（標準偏差の 2 乗）は自由度の 2 倍である」と習いますが、やはりピンときません。しかしこのデモファイルで、正規分布とカイ 2 乗分布の関係が実感できます。つまり、分散＝標準偏差の 2 乗、つまり 2 になります。標準偏差は分散の平方根ですから、$\sqrt{2} \fallingdotseq 1.41$ になり、正規分布とカイ 2 乗分布の関係が今回の Excel のシートで体験できました。

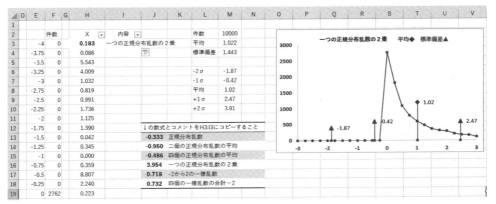

図 0.6　自由度 1 のカイ 2 乗分布をグラフ化する

図 0.7 は、図 0.6 の表 5 行目の「0.718」「−2 から 2 の一様乱数」を使いました。0 から 1 までの一様乱数を 4 倍し、2 を減じた値の分布です。そのため、−2 から +2 までの一様乱数となります。

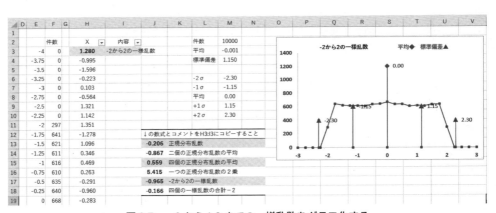

図 0.7　−2 から +2 までの一様乱数をグラフ化する

図 0.8 は、図 0.7 の表 6 行目の「−0.166」「四個の一様乱数の合計−2」をセル範囲 H3:I3 に貼り付けています。これは、0 から 1 までの一様乱数 4 個を合計し、そこから 2 だけ減じた値の分布となります。この場合、−2 から +2 に分布しその形状は中心極限定理で正規分布となります。

読んだだけでは理解できなかった中心極限定理も、データをグラフ化することで実際に体験できます。

図 0.8　4 個の一様乱数の合計から 2 を減じるをグラフ化する

　統計を理論や数式のみで理解するよりは、自分の手を動かして、実際にデータを作成して集計し、グラフを描いてその結果を体験するほうが、理解も深まるはずです。

　0.3 節でも述べたように、理論や数式による正しい理解は重要ですが、本書では厳密な説明は行いません。自分でデータを作り分析してみることで、理論より先に感覚として納得してもらいます。

　理論や数式だけで統計を理解することは困難です。しかし本書の案内に従ってデータの生成と分析を体験すれば、理論はともかく「なるほど」と納得できるはずです。この「なるほど」と納得した体験があれば、理論や数式に挑むときにグッとハードルが低くなるはずです。もちろん、実務への応用も利きやすくなります。

　それでは、本書で統計の「体験」をお楽しみください。

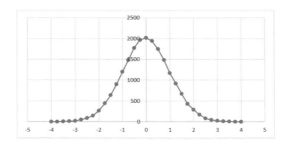

第1章
集計表とグラフを体験する

単なる数字では把握できない多数の分布も、集計表やグラフを作ると、どのような分布の傾向があるかを把握しやすくなります。本書では、実際に10000件のデータを作成して、自分の手で集計し、その特徴を体験します。本章では、それらの作業を行う前段階として、「データの作成」「集計」「グラフ作成」の方法について学びます。

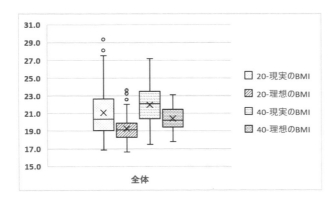

1.1
集計表とグラフをものにする

1.1.1 大量のデータを生成する

　世の中にはいろいろと便利な統計ソフトがあり、データを入れるだけで複雑な計算をしてくれます。しかし、自分が入手した重要なデータを検討する場合、まず集計表とグラフを作り、得られたデータの特徴を把握するのが基本です。データがどのような特徴を持っているのか、なにか傾向が見られるのかを検討してから解析にとりかかると、より多くの情報が得られます。

　量的な特性には、身長、体重、勤務時間、価格のように連続的な値をとるものがあり、これを**連続量**といいます。それに対して、性別、県別、国別などのように、数や場合を数えて得られる特性もあり、こちらは**離散量**といいます。連続量は折れ線グラフ、離散量は棒グラフで表現するのが原則です。

　しかし、連続量の変数も「ある値が何件ある」としてそのまま折れ線グラフを作ると、全体の分布が把握しにくくなります。そこで連続量の変数は、軸上を等しい長さの小区間に分割して、その小区間の上にある変数の個数を数えることで、変数の分布を把握しやすくします。与えられた数値を等間隔の小区間に分割することを「階級に分ける」といい、階級に入る個数を**度数**といいます。

　度数を並べて得られる数値を**度数分布**、度数分布の表を**度数分布表**といいます。本書では、後述するピボットテーブルの機能やCOUNTIFS関数などを使って度数分布表を作成し、与えられた変数を解析します。

　まず、乱数を使って練習用の連続量のデータを作り、解析の技を身につけましょう。
　図**1.1**のように、シートを用意してください。
　1行目に変数名として「No」「X」「Y」を配置し、下方向にそれぞれの変数を配置していきます。なお、1行目に変数を置き、その下にデータを配置したデータ形式を、Excelでは**リスト形式**といいます。Excelでのデータの解析はリストを対象に行うのが基本です。

　繰り返しますが、リスト形式で作成したデータを解析することが基本中の基本です。本書ではリスト形式に従う大量のデータを即座に作るために、Excelの一連の領域を「テーブルとして書式設定」します。前もって書式設定した範囲は、最上部のセルに数式を入力すれば一番下の行まで即座に値が設定されるので、非常に便利です。本書では、大量のデータとして10000件のデータを生成して解析することにします。

1. 変数名を、セル A1 からセル C1 にかけて「No」「X」「Y」と設定します。この例では仮に、X は回答者が男（1）か女（2）か、Y は賛成（1）か反対（2）かを回答したアンケートの結果とみなして考えていきます。
2. メニューから「ホーム」→「スタイル」→「テーブルとして書式設定」を選び、データ範囲として「$A$1:$C$10001」を選びます。このときに「先頭行をテーブルの見出しとして使用する」にチェックを入れます（**図 1.1** ／ Excel 2019 では図 1.2 が先）。

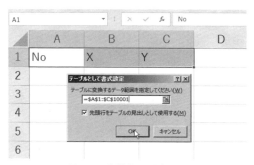

図 1.1 変数名を設定する

3. テーブルのデザインとして好みのものを選びます（**図 1.2**）。

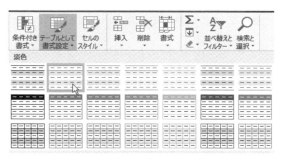

図 1.2 テーブルのデザインを選択する

4. セル B2 と C2 に =RANDBETWEEN(0,1) と入力し、0、1 の乱数を設定します（図 1.3）。

RANDBETWEEN 関数

RANDBETWEEN(最小値,最大値)

指定された範囲内の整数の乱数を返します。ワークシートが再計算されるたびに、新しい整数の乱数が返されます。

最小値　　必ず指定します。乱数の最小値を整数で指定します。

最大値　　必ず指定します。乱数の最大値を整数で指定します。

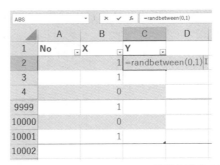

図 1.3　X と Y に RANDBETWEEN 関数を設定する

5. セル A3 に、1 つ上のセル A2 の値に 1 を足す =A2+1 の式を入れます（図 1.4）。

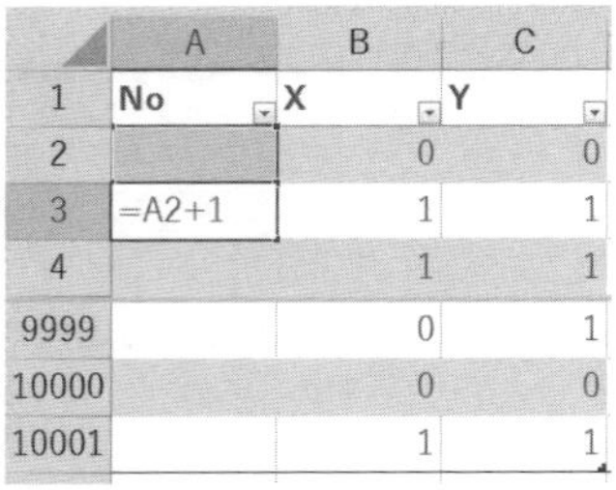

	A	B	C
1	No	X	Y
2		0	0
3	=A2+1	1	1
4		1	1
9999		0	1
10000		0	0
10001		1	1

図 1.4　「No」の最上部を空けて、2 行目のセルに数式を設定する

6. 列 A 全体に「#VALUE!」のエラー表示が出ていますが、無視して構いません。セル A2 に数字の 1 を設定します（図 1.5）。

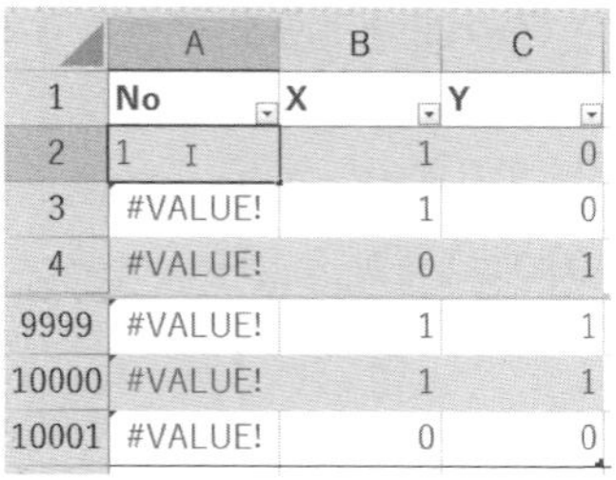

	A	B	C
1	No	X	Y
2	1	1	0
3	#VALUE!	1	0
4	#VALUE!	0	1
9999	#VALUE!	1	1
10000	#VALUE!	1	1
10001	#VALUE!	0	0

図 1.5　列 A 全体に「#VALUE!」が出るが、最上部に 1 を設定する

7. セル A2 に「1」と入力すると、列 A に 1 から 10000 までの連番が設定されます（**図 1.6**）。連番が設定されない場合は、「F9」キーを押します。

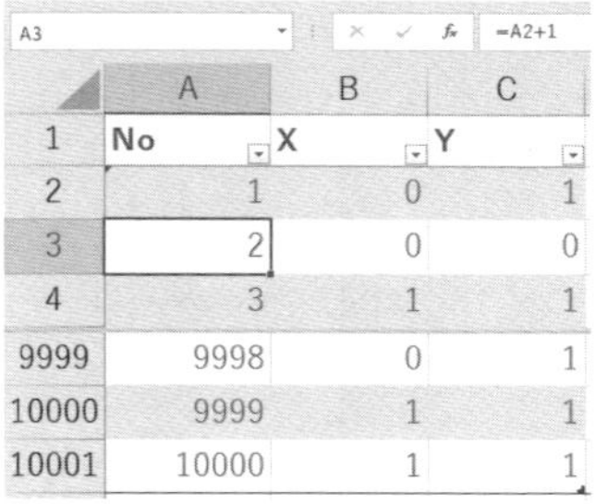

A3　=A2+1

	A	B	C
1	No	X	Y
2	1	0	1
3	2	0	0
4	3	1	1
9999	9998	0	1
10000	9999	1	1
10001	10000	1	1

図 1.6　連番を設定する

従来でしたら、データもしくは数式をコピーアンドペーストして領域全体に貼り付けないと、10000 件ものデータは作成できませんでした。しかし上記の方法を使うと、最上部だけに入力する操作をすれば定義した領域全体に即座にデータを設定できるので、非常に便利です。

1.1.2　集計表（ピボットテーブル）の作成

集計表を手で作る場合、「男性が○名、女性が○名」などと正の数字を書いて手作業で勘定すると、多くの時間と手間を必要とします。しかし、Excel の**ピボットテーブル**機能を用いると、単純集計表もクロス集計表もかんたんに作れます。

集計表の列ごとの特性を**表頭**、行ごとの特性を**表側**と表現します。Excel のピボットテーブルの機能では、表頭、表側に対話的に変数名を配置すると、即座にデータをクロス集計して、どれが何件あるか表示できます。文章で説明するだけでは分かりにくいでしょうから、実際に操作してみましょう。

1. 作成した練習用データを開くと、セル範囲 `A$2:$C$10001` が「テーブル 1」

と定義されているので、「Ctrl」+「A」キーで対象とするリスト領域を選択してください。

2. メニューから「データ」→「ピボットテーブルとピボットグラフレポート」を選択します（Excel 2019 では、「挿入」→「テーブル」→「ピボットグラフとピボットテーブル」）。

3. 「ピボットテーブルの作成」が表示されるので、とくに問題がなければ、「OK」を押して集計を行います（**図1.7**）。

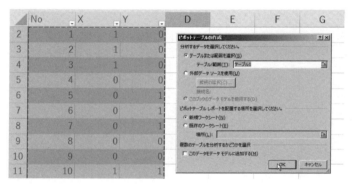

図1.7 テーブル部分でピボットテーブルを設定する

4. 画面に**図1.8**のような集計表の雛形（テンプレート）が現れます。「行」「列」「Σ値」に変数を配置します。ここでは、「Σ値」に「No」を、「行」に「X」を、「列」に「Y」を配置しています。（Excel 2019 では「列」→「凡例（系列）」、「行」→「軸（分類項目）」）

図1.8 ピボットテーブルに変数を配置する

5. ピボットテーブルは、初期設定で配置された値の合計を求めるようになっています。しかし、今回配置した「No」は連続した番号なので、合計を求めても意味がありません。「Σ値」に表示される「合計/No ▼」の右側の「▼」をクリックして、「集計方法」を「データの個数」に変えます（**図1.9**）。

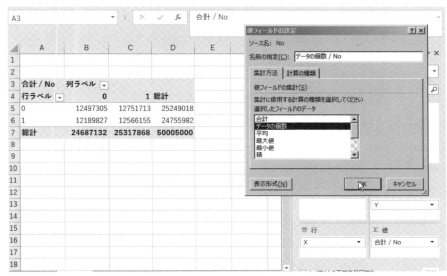

図1.9 データの集計方法を変える

6. データの個数によるピボットテーブルが完成します（**図1.10**）。その結果、ピボットテーブルの機能により、クロス集計表が完成します。ほかの変数で表を作りたいときは、「行」「列」「Σ値」に配置した変数名にマウスカーソルを合わせて、左クリックしながらドラッグしてください。画面上の離れた位置で左クリックしていた指を離してドロップすれば、その変数は削除され、再び新しいアイテムを設定できるようになります。

図1.10 データの個数によるピボットテーブル（完成）

7. 作成した表の、内部の列と行のラベル（この表ではセル範囲 A5:A6、B4:C4）は修正できます。今回の例でいえば、セル A5 の「0」を「女」、セル A6 の「1」を「男」にするなど、分かりやすい表現に変更しておきましょう（図 1.11）。

図 1.11　表のラベルを分かりやすくする

■欠損値のある場合の処理

実際のデータでは、データが存在しない**欠損値**があるのが一般的です。そこで、リストのセルのいくつかを削除して意図的に欠損値を作り、欠損値のある場合の処理を体験しておきましょう。

1. 最初に、意図的に欠損値を作ります。図 1.12 のように、「X」と「Y」それぞれの列で 2 箇所ずつ、セルの値を「Delete」キーで削除します。

図 1.12　セルの値を削除して欠損値を作る

2. データを修正しただけでは、作成したピボットテーブルは更新されていないので、表の内部で右クリックして「更新」を選び、表を新しい内容に書き換えます（図 1.13）。

図 1.13　表を更新する

3. 表が更新されると、表の中に「(空白)」というセルが表示されます。「行ラベル」横の「▼」をクリックしてプルダウンリストを表示させ、「(空白)」の前にあるチェックをクリックして外します（図 1.14）。

図 1.14　「空白」のチェックを外す

4. 「X」と「Y」（「行ラベル」と「列ラベル」）ともに「(空白)」のチェックを外すと、欠損値を除外した状態で集計が行われて、図 1.15 のような結果になります。10000 件のデータのうち欠損値とした 4 件が除外されて、総計は 9996 件となります。

図 1.15　欠損値を除外して集計された表

■値のみの表を作成する

　ピボットテーブルは便利ですが、見えない表の裏側には多くのデータが存在し、そのまま保存すると非常に大きなファイルになってしまいます。そこで、結果の数値のみを必要とするときは、ピボットテーブルの値のみを保存します。ここでは、欠損値を設定したピボットテーブルで、行ラベルと列ラベルを設定したものを例に取り上げます。

1. ピボットテーブル中の任意のセル（この場合はセル A4）を左クリックして、「Ctrl」+「A」キーで表全体を選択し、「Ctrl」+「C」キーで値をコピーします。
2. 別のセル（この場合はセル F3）をクリックして、「ホーム」→「貼り付け」を選択し、値のみを貼り付けます（**図 1.16**）。ファイルを保存するときは、必要なくなった左のピボットテーブルを削除します。

図 1.16　値のみの表を作成する

1.1.3　棒グラフの作成

　続いて、**棒グラフ**を作成してみましょう。グラフはピボットテーブルからかんたんに作れます。

1. ピボットテーブルの内部を左クリックします
2. メニューから「挿入」→「グラフ」を選びます。
3. グラフの形式を選びます。ここでは「**100% 積み上げ縦棒**」のグラフを選びました（**図 1.17**）。

1.1 集計表とグラフをものにする

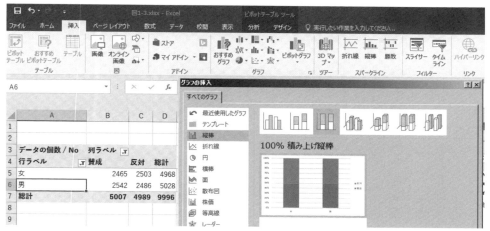

図 1.17 グラフウィザードで棒グラフを作成する

4. グラフの体裁を修正するには、直したい場所を右クリックします。図 1.18 のような画面が出ますので、適宜修正します。図 1.18 は、Y 軸の値の変更を考えて、Y 軸を右クリックした状態です。

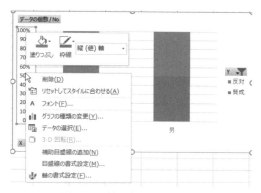

図 1.18 軸の表示を変更する

ピボットテーブルから作成されたグラフを、**ピボットグラフ**と呼びます。

論文やプレゼン資料などで使用する際、グラフ中に表示されているフィールドボタンを消したい場合は、メニューから「ピボットグラフツール」→「分析」→「表示 / 非表示」→「フィールドボタン」と選び、不要なボタンを非表示にできます。

なお、表と一緒でなく、グラフのみをシートに保存すると、グラフの各部分の変更が楽に行えます。その場合は、メニューから「ピボットグラフツール」→「デザイン」→「場所」→「**グラフの移動**」と選択し、新規のシートを選びます。ここでは一例として、図 1.19 のようなグラフを作りました。棒グラフの色を白と青にし、白い領域の周

囲には黒い色の輪郭を配置しました。文字は 18 もしくは 20 ポイントで、かつ太文字に設定してあります。

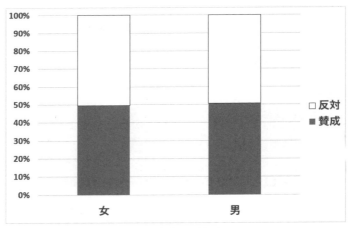

図 1.19　完成した棒グラフ

今回作成したような棒グラフをどのように見ればよいのか、説明しておきましょう。

筆者がよく行うアンケート解析は、2 ～ 3 種類の回答を、回答者の性別、年齢、職業などの属性でクロス集計して比較するものです。こういった場合、データの比較のために、100% 積み上げ棒グラフを好んで作成します。なぜならば、横軸に回答者の属性をとったとき、各棒グラフでの変数の境目が同程度の高さであれば、各属性に同程度の割合で変数が分布していると把握できるからです。

作成したグラフは Word に貼り付けることもできます。グラフを左クリックしてコピーし、Word を立ち上げて、メニューから「ホーム」→「貼り付け」を選び、表示される画面で「図（**拡張メタファイル**）」と選んでグラフを貼り付けます。Word のファイルの中にグラフがきれいに貼り付けられます（**図 1.20**）。

1.1 集計表とグラフをものにする

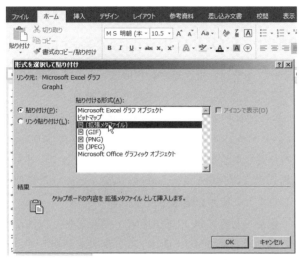

図 1.20　グラフの貼り付け準備画面（Word）

ただし、このグラフは、そのままでは図を自由に動かせません。グラフを左クリックすると脇に表示されるアイコン🔲を左クリックして、表示されるメニューの中から「文字列の折り返し」で「前面」を選択すると、図を自由に移動できるようになります（図 1.21）。

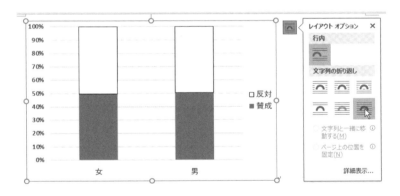

図 1.21　「文字列の折り返し」で「前面」を選択する

✅ 集計とグラフ化

データの集計と棒グラフの作成は、記述統計的解析の基本中の基本です。筆者も解析前には、必ずこの作業をします。これらの技を身につけておくと、これから先の学習が楽になります。

1.2
連続変数の集計―COUNTIFS 関数で集計してグラフを作る

前述のピボットテーブルを用いたグラフの作成は、とても便利です。しかし、原則として変数が離散量でないと上手にグラフが作成できません。

たとえば、「クラスの生徒の身長」という連続量で集計した場合を考えてみましょう。そのままピボットテーブルを作成すると、「161.3 cm、170 cm、182 cm」といった、生徒一人一人の身長を示す個別の値ごとに集計表ができてしまいます。

変数が連続量の場合は、「150 cm 以上 160 cm 未満」といった範囲を決めて集計する必要があります。このような範囲を**階級**と呼びます。

階級値を指定して集計を行うには FREQUENCY 関数を使う方法がありますが、その操作は複雑です。そのため本節では、COUNTIFS 関数を使用して、階級値の下限と上限を文字列で設定し、集計する方法を学びます。この先、本書では COUNTIFS 関数を駆使して確率分布に従う乱数を集計します。少し手間はかかりますが、統計の概念が楽に理解できるようになります。

1.2.1　標準正規分布に従う乱数の生成

統計の理論の中では、中央の頻度が多く、裾にいくにつれて頻度が低下する**正規分布**が重要な位置を占めています。正規分布の中でも、平均が 0 で標準偏差が 1 のものを**標準正規分布**といい、本書の多くの章でこの分布を使います。

本項では、標準正規分布に従うデータを生成し、連続量のデータの例題として、**折れ線グラフ**を描く練習をします。COUNTIFS 関数を用いて折れ線グラフを作るノウハウは、ほかの章でも繰り返し使うので、この段階で確実にマスターしてください。

標準正規分布に従うデータを作成するのに、本書では =NORM.S.INV(RAND()) という数式を用います。ここで、RAND() は 0 から 1 までの値を一様に発生する関数です。NORM.S.INV() は標準正規分布の**累積分布関数**の逆関数というのが正しい表現ですが、今は、「NORM.S.INV(RAND()) は平均が 0 で標準偏差が 1 である正規分布に従う乱数を発生する便利な数式」と考えてください。

1. セル範囲 $A$1:$A$10001 に「テーブルとして書式設定」の処理をします。
2. テーブルのデザインを選びます。
3. 表示されるウィンドウで「先頭行はテーブルの見出しとして使用する」にチェックを入れます。
    セル A2 に、=NORM.S.INV(RAND()) の式を入力します（**図 1.22**）。

4. この操作でセル範囲 A2:A10001 に、正規分布に従う乱数が 10000 件設定されます。

	A	B
1	X	
2	=norm.s.inv(rand())	
3		
4		
9998		
9999		
10000		
10001		
10002		

図 1.22　テーブルとして設定した領域に正規分布乱数を設定する

　今回作成した正規分布に従う乱数は、キー入力などで画面に表示される値が頻繁に変わり、いささか煩雑です。

　表示の自動更新を止めるには、メニューの「数式」→「計算方法」→「計算方法の設定」から「手動」を選択します。もう一度乱数を更新して表示を新しい値に変えたい場合は「F9」キーを押します。

1.2.2　標準正規分布に従う乱数を集計しグラフを作る

1. 図 1.23 のように、列 C に -4 から 0.25 刻みで 4 までの数字を用意します。その横に、COUNTIFS 関数で用いる条件式の文字列を記入します。

	A	B	C	D	E	F
1	X					
2	1.026907469			下限	上限	
3	0.622061459		-4	>=-4.25	<-3.75	
4	1.342194621		-3.75	>=-4	<-3.5	
5	-0.02695316		-3.5	>=-3.75	<-3.25	
33	1.122307414		3.5	>=3.25	<3.75	
34	-0.589051151		3.75	>=3.5	<4	
35	-0.174516911		4	>=3.75	<4.25	
36	2.094897599					

図 1.23　下限、上限の検索条件を設定する

COUNTIFS 関数

COUNTIFS(条件範囲1,検索条件1,[条件範囲2,検索条件2],…)

条件範囲1	必ず指定します。対応する条件による評価の対象となる最初の範囲を指定します。
検索条件1	必ず指定します。計算の対象となるセルを定義する条件を数値、式、セル参照、または文字列で指定します。たとえば、条件は 32、">32"、B4、"Windows"、または "32" のようになります。
条件範囲2,検索条件2,…	省略可能です。追加の範囲と対応する条件です。最大127組の範囲/条件のペアを指定できます。

　今回の Excel シートでは、「検索条件1」を「下限」、「検索条件2」を「上限」と表現しています。下限、上限は文字列で記入してもよいのですが、**図1.24** のように「& 演算子」と「X 軸の数値」を用いると、楽に値を設定できます。

　図1.24 では、列 C にある階級値より 0.25 小さい値を計算し、その結果を「>=」のあとに & 演算子で文字列として結合し、下限として用いる設定をしています。上限も同様に求めます。

C	D	E
	下限	上限
-4	=">="&(C3-0.25)	="<"&(C3+0.25)
-3.75	=">="&(C4-0.25)	="<"&(C4+0.25)
-3.5	=">="&(C5-0.25)	="<"&(C5+0.25)
-3.25	=">="&(C6-0.25)	="<"&(C6+0.25)

図1.24　下限、上限の検索条件を数式で設定する

2. 列 G で列 C の値を参照し、グラフ描画時の X 軸の値を設定します。
3. この段階で、セル範囲 A2:A10001 が「テーブル1」と定義されています。テーブル1 の範囲で下限以上かつ上限未満の正規分布乱数の件数を、COUNTIFS 関数を使ってカウントします。
4. X 軸（上記で設定した -4 から 4 の範囲）と Y 軸（下限以上かつ上限未満）を選択します。
5. 点と点を結ぶ**散布図**として、グラフを描画します。「F9」キーを押すと、乱数が

再計算されてグラフの形が微妙に変わることを確認してください（図 1.25）。

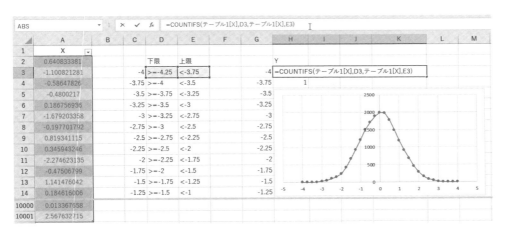

図 1.25　正規分布の折れ線グラフ

☑ COUNTIFS 関数

今後、本書では COUNTIFS 関数を用いて統計学的確率分布に従う乱数を作成し、それを集計してグラフ化して、統計に慣れ親しんでいただきます。そのためにも、COUNTIFS 関数によるグラフの作成方法をきちんとマスターしてください。

1.3 実際のデータによる解析

今まで、乱数のデータを用いてグラフを作成する基本を学んできました。ここからは、実際のアンケートのデータを用いて、データ解析の練習をしていきます。

乱数で作成した理想的なデータと異なり、実際のアンケートの調査結果のデータには、必ずおかしなデータが混ざりこんでいます。そのため、データをいかにきれいにするかが重要になります。また、得られたデータからどのような解析が得られるかも検討する必要があります。

本節では、実際のデータを用いて、おかしなデータの除去作業と基本的な解析手法をマスターします。

1.3.1　データクリーニングとは

どのように注意して集めたデータにも、必ずおかしなデータが混ざっています。そのため、そのまま解析にかけると誤った結果を出す危険性があります。せっかく測定した

データを早く解析したい気持ちは分かりますが、いろいろな角度からデータのチェック（**データクリーニング**ともいいます）をするのが重要です。

以下に示すデータは、筆者が看護師を対象とした講演会をしたときに、調査・収集したデータ **Nurse.xlsx** です。プライバシー保護のため、名前は架空のものに変えています。内容は、町でアンケート調査をしている見知らぬ調査員に回答するときの体重と、実際の体重との関係を調べるもの（図1.26）です。

統計解析で重要なことは、正しいデータの収集です。この例は、信頼関係が希薄な相手に適当な回答をする場合、実際の値とどの程度違ってくるかを示すよい例といえるでしょう。

現実と理想の調査

No.＿＿＿＿＿

1. 名前＿＿＿＿＿＿＿＿＿＿　　2. 年齢＿＿＿＿歳
3. 血液型＿＿＿型　　4. 身長＿＿＿＿＿cm　　5. 出身地　①東日本　②西日本
6. 性別　①男　②女　　7. ①独身　②既婚　　8. 子供の有無　①なし　②あり
9. 町で「体重を教えて下さい」と声をかけられたら何kgと答えますか。　　＿＿＿＿kg
10. 今回は統計の例題として使いますので正確な体重をお答えください。　　＿＿＿＿kg
　　（9. の記入の訂正はしないでください）
11. 今の身長に対して今の体重は適当な値と思いますか
　　①重すぎる　②重い　③ちょうど良い　④少ない　⑤少なすぎる
12. では、願わくば何kgの体重になりたいですか　　＿＿＿＿kg
13. ご自分の性格についてお答えください。
　　①どちらかというと現実に徹する　②どちらかというと理想を追い求める

図1.26　アンケート用紙

1.3.2　アンケートデータの修正

まず、各変数に名前をつけます。今回は「ID」「名前」「年齢」「血液（型）」「身長」「出身（地）」「性別」「独身既婚（の別）」「子供（の有無）」「町での体重」「本当の体重」「今の体重は」「理想の体重」「性格」としました（図1.27）。

	A	B	C	D	E	F	G	H	I	J	K	L	M	N
1	ID	名前	年齢	血液	身長	出身	性別	独身既婚	子供	町での体重	本当の体重	今の体重は	理想の体重	性格
2	1	竹澤	48	AB	155	西日本	女	既	あり	55	56	2	50	現実派
3	2	高橋	49	O	156	東日本	女	既	あり	48	47.2	2	49	現実派
4	3	京本	46	B	153	東日本	女	既	あり	45	46	3	43	理想派
5	4	福山	24	A	165	東日本	女	独	なし	65	75	1	60	理想派
6	5	伊藤	39	O	152	東日本	女	既	あり	49	49	3	43	理想派
7	7	高松	26	B	152	東日本	女	独	なし	43	47	2	45	現実派
8	8	前原	26	O	152	西日本	女	独	なし	46	47	3	45	現実派
9	10	小田	28	O	159.5	西日本	女	独	なし	46	45.5	4	48	現実派
10	12	佐伯	29	A	156	西日本	女	独	なし	50	55	1	47	現実派

図1.27　変数名をつけたアンケートデータ

一番上に変数名を書き、下に値を記録したデータの形式を、Excelでは「リスト」と呼ぶことはすでに説明しました。このリストには、コードでなく実際の値が入っているものとします。

すぐに解析してもよいのですが、このまま全体を集計すると、表示される内容（アイテム）の順番が漢字コード順になってしまいます。特定の順序で表示したい場合は、アイテムの最初に数字のコードをつけて、希望する順序に表示されるようにしましょう。

なお、この例にはありませんが、数字などのコードのみで表示されているデータがある場合は、コードの「1」を「1：男」と置換するなど、具体的なアイテムの名称を併記して分かりやすく表示するとよいでしょう。

置換する具体的な手順を紹介します。今回の例では、コードに名称を併記するのではなく、名称にコードを付加します（**図 1.28**）。

最初に、置換したい列（図では列 F）を選択し、メニューから「ホーム」→「編集」→「検索」を選びます。表示される「検索と置換」の画面で「置換」タブを選び、「検索する文字列」に置き換えたい文字列（図では「東日本」）を、「置換後の文字列」に置き換え後の文字列（図では「1：東日本」）を入力します。

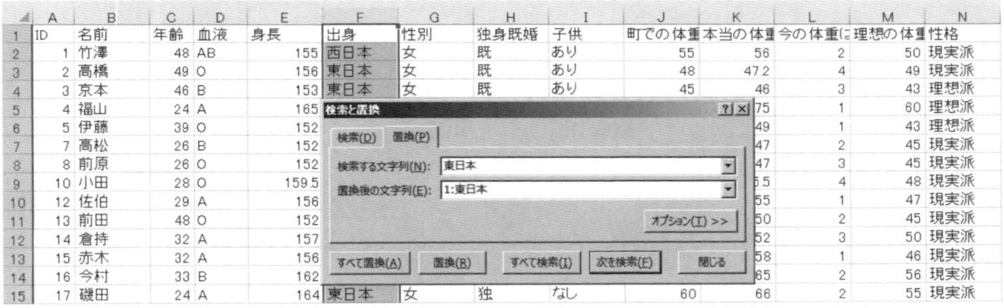

図 1.28　アンケートデータにコードを追加する

ほかの変数にも適宜数値のコードをつけたものが**図 1.29**です。

図 1.29　コードを追加し終わったアンケートデータ

1.3.3　アンケートデータの論理的なチェック

アンケートデータの各項目を見ていくと、ところどころにおかしな値が入っていることに気が付きます。下記の手順でチェックを行いましょう。

① Excelのオートフィルター機能を使っておかしな値をチェックする
② 入力ミスを取り除く、あるいは修正する
③ 扱うデータとして女性のみのデータを抽出する

まず、①と②で入力時のミスを取り除きます。さらに、今回のデータは男女が混在した看護師192人のものなので、データを均一にするために、女性のみを抽出していきます。

1. 最初に、リスト全体をドラッグして、メニューから「データ」→「オートフィルター」（Excel 2019では「フィルター」）を選びます。各変数の横にある「▼」をクリックすると、変数の内容がプルダウンリストで表示されます。「血液」「町での体重」「本当の体重」「理想の体重」の値に、おかしなデータがあることを確認してください（**図1.30**）。

図1.30　オートフィルターによるエラーのチェック

2. 「血液」に「15」と「27」というおかしな値があるので、その値を修正します。通常はもとの調査用紙に戻って、その記述を訂正します。今回はもとの調査用紙がありませんので、このままにしておきます。あとでピボットグラフを表示するときに、おかしな値を表示しないようにしましょう。

3. 「体重」にも「0、4、5」などの値があります。これらはもとの正しいデータが分からないので、オートフィルターのオプション画面で「40より大きい」などの抽出条件を指定して、極端に飛び離れた値は除いておきます（**図1.31**）。

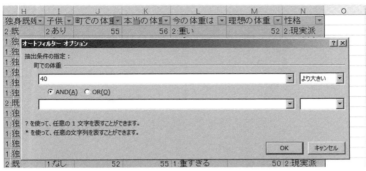

図 1.31　オートフィルターのオプション

4. 続いて、女性のデータのみを抽出します。「性別」の横にある「▼」を押してプルダウンリストボックスを示し、「2：女」を指定します。
5. 「性格」「子供」「独身既婚」など、さしあたっての解析に影響がない変数の欠損値はそのままにしておきましょう。これらの抽出された値のみを新しいワークシートに転記したほうが、のちの処理が楽になります。まず、オートフィルターで選択した部分のリスト全体をドラッグし、「Ctrl」+「C」キーで選んだセル範囲をコピーします。
6. 画面の下端で⊕アイコンをクリックして、新しいワークシートを挿入します（図1.32）。

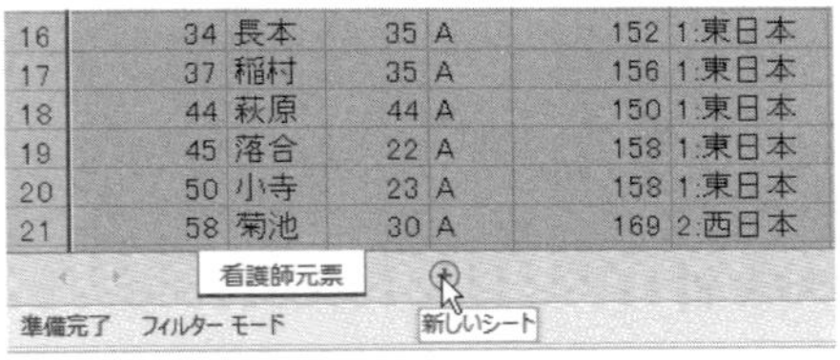

図 1.32　新規ワークシートの挿入

7. メニューから「ホーム」→「編集」（Excel 2019 では「クリップボード」）→「**形式を選択して貼り付け**」を選び、表示されるダイアログボックスで「値」にチェックをつけ、値のみをワークシートに貼り付けます（図 **1.33**）。

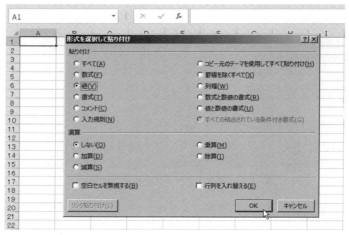

図 1.33　値のみを貼り付ける

8. 貼り付けた結果は、**図 1.34** のようになります。ここでは血液型順に並べ替えましたが、ID 順、年齢順など、適宜並べ替えてください。

	A	B	C	D	E	F	G	H	I	J	K	L	M	N
1	ID	名前	年齢	血液	身長	出身	性別	独身既婚	子供	町での体重	本当の体重	今の体重に	理想の体重	性格
2	4	福山	24	A	165	1:東日本	2:女	1:独	1:なし	65	75	1:重すぎる	60	1:理想派
3	12	佐伯	29	A	156	2:西日本	2:女	1:独	1:なし	50	55	1:重すぎる	47	2:現実派
4	14	倉持	32	A	157	1:東日本	2:女	1:独	1:なし	50	52	3:ちょうど	50	2:現実派
5	15	赤木	32	A	156	1:東日本	2:女	1:独	1:なし	58	58	1:重すぎる	46	2:現実派
6	17	磯田	24	A	164	1:東日本	2:女	1:独	1:なし	60	66	2:重い	55	2:現実派
7	20	坂口	36	A	158	1:東日本	2:女	2:既	2:あり	50	50.5	3:ちょうど	48	2:現実派
8	24	劔持	34	A	162	1:東日本	2:女	1:独	1:なし	46	46	4:少ない	48	2:現実派
9	25	堀之内	25	A	144.5		2:女	1:独	1:なし	40	42	2:重い	40	1:理想派
10	26	浅野	25	A	162	1:東日本	2:女	1:独	1:なし	60	62	1:重すぎる	56	2:現実派
11	29	岡島	37	A	151	1:東日本	2:女	1:独	1:なし	50	52	2:重い	47	1:理想派
12	31	原田	50	A	156	1:東日本	2:女	1:独	1:なし	57	59	2:重い	56	1:理想派

図 1.34　値のみを貼り付けた新しいワークシート

1.3.4　新規の変数の追加

のちの解析のために、4 種類の変数を新しく追加します。本項では、一度 ID 順に並べ替えたあとに、新規の変数名を追加する方法を示します。

1. メニューから「ホーム」→「編集」→「並べ替えとフィルター」(Excel 2019 では「ユーザー設定の並べ替え」) を選び、**図 1.35** のように ID を昇順に設定して、全体を並べ替えます。

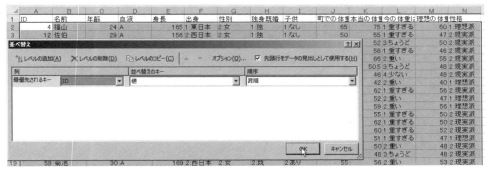

図 1.35　ID 順に並べ替える

2. 続いて、以下の 4 種類の変数を新しく追加します（**図 1.36**）。

「年代」：年齢の 10 の位を求めるために、年齢を 10 で除して、INT 関数で整数化します。

「現実－理想」：現実の体重から理想の体重を引いた値を求めます。

「現実の BMI」および「理想の BMI」：解析対象とした方の現実の体重と理想の体重について、おのおの BMI を求めます。

※BMI（Body Mass Index）：体重（kg）を身長（m）の 2 乗で割った値のこと。肥満指数とも呼ばれ、肥満の程度を表現します。18.5 から 25.0 未満が普通体重、18.5 未満が低体重、25.0 以上が肥満とされています。

	J	K	L	M	N	O	P	Q	R
1	町での体	本当の体	今の体重	理想の体重	性格	年代	現実-理想	現実のBMI	理想のBMI
2	55	56	2:重い	50	2:現実派	=INT(C2/10)	=K2-M2	=K2/((E2/100)^2)	=M2/((E2/100)^2)
3	48	47.2	4:少ない	49	2:現実派	=INT(C3/10)	=K3-M3	=K3/((E3/100)^2)	=M3/((E3/100)^2)
4	45	46	3:ちょうど	43	1:理想派	=INT(C4/10)	=K4-M4	=K4/((E4/100)^2)	=M4/((E4/100)^2)
5	65	75	1:重すぎる	60	1:理想派	=INT(C5/10)	=K5-M5	=K5/((E5/100)^2)	=M5/((E5/100)^2)
6	49	49	1:重すぎる	43	1:理想派	=INT(C6/10)	=K6-M6	=K6/((E6/100)^2)	=M6/((E6/100)^2)
7	43	47	2:重い	45	2:現実派	=INT(C7/10)	=K7-M7	=K7/((E7/100)^2)	=M7/((E7/100)^2)
8	46	47	3:ちょうど	45	2:現実派	=INT(C8/10)	=K8-M8	=K8/((E8/100)^2)	=M8/((E8/100)^2)
9	46	45.5	4:少ない	48	2:現実派	=INT(C9/10)	=K9-M9	=K9/((E9/100)^2)	=M9/((E9/100)^2)
10	50	55	1:重すぎる	47	2:現実派	=INT(C10/10)	=K10-M10	=K10/((E10/100)^2)	=M10/((E10/100)^2)
11	45	50	2:重い	45	2:現実派	=INT(C11/10)	=K11-M11	=K11/((E11/100)^2)	=M11/((E11/100)^2)
12	50	52	3:ちょうど	50	2:現実派	=INT(C12/10)	=K12-M12	=K12/((E12/100)^2)	=M12/((E12/100)^2)

図 1.36　各種の変数の設定

3. BMI の計算結果を、小数点以下 2 桁までとします。メニューから「ホーム」→「数値」と選び、メニュー右下の「▼」をクリックします。「表示形式」タブで「数値」を選択し、「小数点以下の桁数」を 2 に設定します（**図 1.37**）。

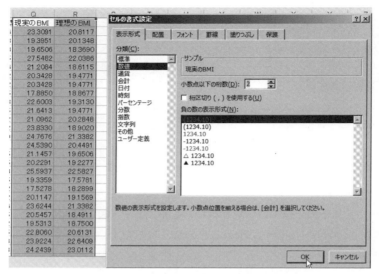

図 1.37　小数点以下 2 桁までに設定する

最終的に得られたデータを、**Nurse-1.xlsx** という名前で保存しておきます。このファイルは、このあと、適宜ファイル名を変更して使用します。

1.3.5　アンケートデータの活用

ここまでの操作で、おかしなデータの大部分を除去できました。では、実際のアンケートデータからの基礎的な解析として、集計表と棒グラフを作成し、そのあとに散布図を作成してみましょう。

1. 最初に、前項で作成して保存した **Nurse-1.xlsx** のデータを開きます（**図 1.38**）。

	A	B	C	D	E	F	G	H	I	P	Q	R
1	ID	名前	年齢	血液	身長	出身	性別	独身既婚	子供	現実−理想	現実の BMI	理想の BMI
2	1	竹澤	48	AB	155	2:西日本	2:女	2:既	2:あり	6	23.31	20.81
3	2	高橋	49	O	156	1:東日本	2:女	2:既	2:あり	−1.8	19.40	20.13
4	3	京本	46	B	153	1:東日本	2:女	2:既	2:あり	3	19.65	18.37
5	4	福山	24	A	165	1:東日本	2:女	1:独	1:なし	15	27.55	22.04
6	5	伊藤	39	O	152	1:東日本	2:女	2:既	2:あり	6	21.21	18.61
7	7	高松	26	B	152	1:東日本	2:女	1:独	1:なし	2	20.34	19.48
8	8	前原	26	O	152	2:西日本	2:女	1:独	1:なし	2	20.34	19.48
9	10	小田	28	O	159.5	2:西日本	2:女	1:独	1:なし	−2.5	17.89	18.87
10	12	佐伯	29	A	156	2:西日本	2:女	1:独	1:なし	8	22.60	19.31
11	13	前田	48	O	152	1:東日本	2:女	2:既	2:あり	5	21.64	19.48
12	14	倉持	32	A	157	1:東日本	2:女	1:独	1:なし	2	21.10	20.28

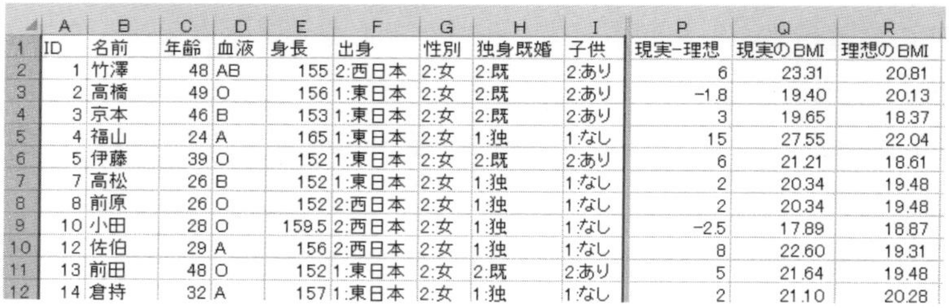

図 1.38　1.3.4 項で作成した Nurse-1.xlsx（解析するデータ）

2. 出身別の血液型の分布の集計表を作成してみましょう。メニューから「挿入」→「テーブル」→「**ピボットテーブル**」を選びます（**図 1.39**）。

1.3 実際のデータによる解析

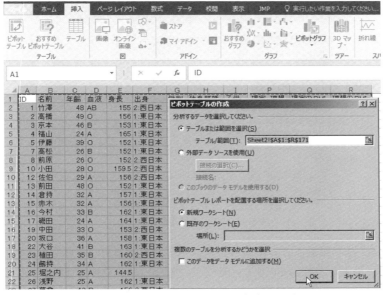

図 1.39 集計表（ピボットテーブル）の作成

3. 今まで学習した知識をもとに、クロス集計表を作成します。図 1.40 のような「ピボットテーブルのフィールド」が表示されたら、「列」に「血液」、「行」に「出身」、「値」に「ID」を配置します。

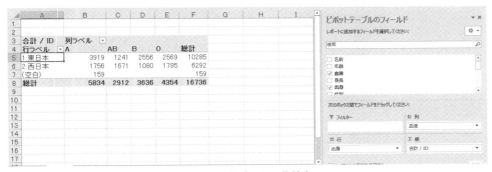

図 1.40 作成された集計表

4. 初期設定では、数値である「ID」では合計を求めてしまいます。「合計/ID」の右側の「▼」、つまりプルダウンリストをクリックし（Excel 2019 ではさらに「値フィールドの設定」を選択して）、「選択したフィールドのデータ」として「データの個数」を選びます（図 1.41）。

図 1.41 「ID」の設定を変更する

5. 作成された集計表では「血液」に欠損値があるため、作成した表の中に「(空白)」の表示ができています。そこで、行ラベルの「▼」でプルダウンリストを表示し、「(空白)」のチェックを外します(図 1.42)。

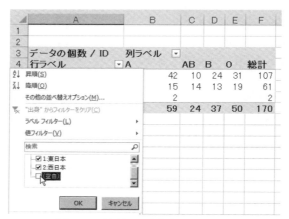

図 1.42 「血液」の欠損値を取り除く

以上の手順で、図 1.43 のように、集計表(クロス集計表ともいう)が完成しました。

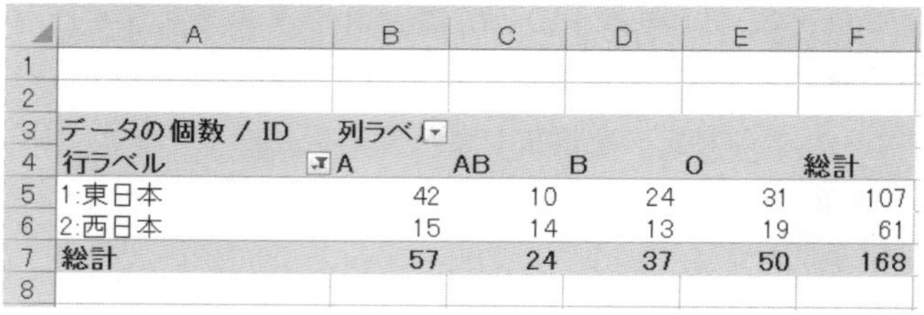

図 1.43 完成したクロス集計表

1.3.6 アンケートデータからの棒グラフの作成

ピボットテーブルの機能でクロス集計表が完成したので、続けて棒グラフを作ってみましょう。ピボットテーブル内を左クリックして、メニューから「挿入」→「グラフ」→「縦/横棒グラフの挿入」→「100% 積み上げ縦棒」を選びます（図 1.44）。

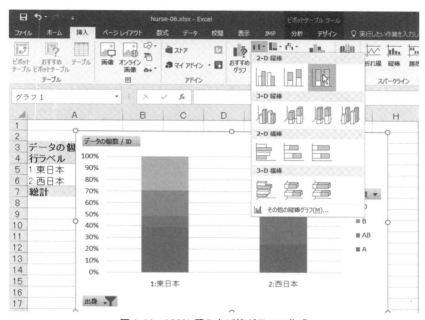

図 1.44　100% 積み上げ棒グラフの作成

☑ アンケートデータ解析のポイント

このデータだけを見ると、「東日本には AB 型の人が少ない」と読めます。しかし、どこからが東日本で、どこからが西日本かという定義はあいまいであり、このデータから日本全体の傾向をいうのは無理でしょう。単に数値を見るだけではなく、データが収集された条件や、変数の定義を理解することが必要です。

求めたデータからグラフを作成し、なにかの傾向をさぐる。これがデータ解析の大事な点です。

1.4 アンケートデータのグラフ化—連続量のグラフ

統計手法をマスターするうえで大事なのは、どのようなデータを入手したときでも、最初はグラフにして眺め、得られる情報はなにかを考えることです。本節では、実際のアンケートの連続量データから、単純な折れ線グラフや棒グラフ、箱ひげ図を作ります。グラフの作成方法をマスターして、おのおのの特徴を理解してください。

1.4.1 折れ線グラフの作成

以前用いた `Nurse-1.xlsx` のデータを例に説明をします。

ピボットテーブルの機能は便利ですが、1.2 節で述べたとおり、連続量のグラフ化には適しません。連続量である BMI でピボットテーブルを作ると、図 1.45 のように、頻度が 1、2 件ずつしかない各連続量の値で表ができてしまいます。これでは結果をグラフ化しても意味をなしません。

	A	B
2		
3	データの個数 / ID	
4	現実のBMI	集計
5	16.85	1
6	17.22	1
7	17.47	1
8	17.48	1
9	17.53	1
10	17.58	1
11	17.69	1
12	17.78	2

図 1.45 頻度が極端に少ない連続量のデータ

血液型や出身地のような離散量の変数では、ピボットテーブルの機能はうまく働き、きれいにクロス集計表ができます。しかし BMI や体重、身長のような連続量の変数では、ピボットテーブルでクロス集計表を作っても連続量の値ごとに集計されてしまい、解析の役には立ちません。ここでは、1.2.2 項で解説した COUNTIFS 関数の機能を用いて、一定の幅の階級ごとに連続量の値を集計します。

1. 最初に、`Nurse-1.xlsx` のデータを 2 群に分けます。オートフィルターで、性別は「女性のみ」として、年代を「20 代と 30 代」および「40 代と 50 代以上」の 2 つに分けましょう。それから、おのおのの現実の BMI と理想の BMI が 0 以上、つまり異常でないものを抽出して、新しいシートに貼り付けます。これを `Nurse-2.xlsx` として保存します。
2. BMI の値を 15 から 30 として、図 1.46 のように変数を配置します。

	A	B	C	D	E	F	G	H	I	J	K	L	M
1													
2		20–30		40–50									
3		現実のBMI	理想のBMI	現実のBMI	理想のBMI		BMI	下限	上限	20-現実	20-理想	40-現実	40-理想
4		27.6	22.0	23.3	20.8		15	>=14.5	<15.5	=COUNTIFS(B$4:B$109,$H4,B$4:B$109,$I4)			
5		21.2	18.6	19.4	20.1		16	>=15.5	<16.5				
6		20.3	19.5	19.7	18.4		17	>=16.5	<17.5				
7		20.3	19.5	21.6	19.5		18	>=17.5	<18.5				
8		17.9	18.9	25.6	22.6		19	>=18.5	<19.5				
9		22.6	19.3	20.6	18.5		20	>=19.5	<20.5				
10		21.1	20.3	23.9	22.6		21	>=20.5	<21.5				
11		23.8	18.9	24.2	23.0		22	>=21.5	<22.5				
12		24.8	21.3	23.5	21.4		23	>=22.5	<23.5				
13		24.5	20.5	23.7	21.6		24	>=23.5	<24.5				
106		17.2	18.0										
107		19.6	18.7										
108		23.8	19.5										
109		22.7	20.3										
110													

図 1.46　全体の変数の配置

3. BMI を集計するための下限と上限は、図 1.47 のような数式で表現します。下限では「>=」の文字列のあとに、列 G にある BMI の値から 0.5 を引いたものを & 演算子で結合します。つまり「>=14.5」という数字を下限として設定します。上限も同様に、「<」の文字列のあとに、列 G にある BMI の値から 0.5 を足したものを & 演算子で結合します。

G	H	I
BMI	下限	上限
15	=">="&(G4-0.5)	="<"&(G4+0.5)
16	=">="&(G5-0.5)	="<"&(G5+0.5)
17	=">="&(G6-0.5)	="<"&(G6+0.5)
18	=">="&(G7-0.5)	="<"&(G7+0.5)

図 1.47　下限と上限を数式で設定する

第1章 集計表とグラフを体験する

4. COUNTIFS 関数で集計をするときは、手早く集計できるように以下の工夫をします。
   a. セル J4 に =COUNTIFS(B$4:B$109,$H4,B$4:B$109,$I4) の式を設定します（図 1.48）。
   b. a. の式の、セル範囲に注目してください。この式でセル範囲 B$4:B$109 の形式で指定し、この数式のセルの右下をマウスでポイントし、右方向にオートフィルで貼り付けます。すると、各セルでのセルの参照はセル範囲 C$4:C$109、D$4:D$109、E$4:E$109 と変化して、4 種類の BMI の位置を参照できるようになります。40〜50 歳の方の BMI はセル範囲 D4:D69、E4:E69 で、109 までの値はありませんが、4 種類の BMI とも 109 までの範囲をカウントさせるようにしました。なにもないセルについてはカウントされないので問題なしとします。
   c. 下限、上限を表す列は H と I ですので、常にここを参照するように、セル $H4、$I4 とします。
   d. 上記の工夫をして =COUNTIFS(B$4:B$109,$H4,B$4:B$109,$I4) という数式にしましたので、これを右方向に貼り付けます。次に、下方向に計算すべき BMI=30 の範囲までこの数式を貼り付けると、一度に数式が正しく設定され、連続変数である BMI の値がカウントされます（図 1.49）。

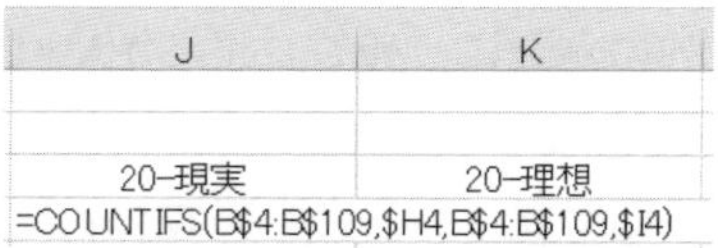

図 1.48　セルの参照範囲を工夫する

図 1.49　一連の領域に数式を貼り付ける

5. 理想の BMI の度数分布表ができあがり、図 1.50 のような度数分布表が作成されます。

G	H	I	J	K	L	M
BMI	下限	上限	20-現実	20-理想	40-現実	40-理想
15	>=14.5	<15.5	0	0	0	0
16	>=15.5	<16.5	0	0	0	0
17	>=16.5	<17.5	3	7	1	0
18	>=17.5	<18.5	9	27	5	7
19	>=18.5	<19.5	23	34	3	11
20	>=19.5	<20.5	20	20	9	20
21	>=20.5	<21.5	16	11	12	12
22	>=21.5	<22.5	6	3	9	9
23	>=22.5	<23.5	9	3	10	7
24	>=23.5	<24.5	8	1	9	0
25	>=24.5	<25.5	4	0	3	0
26	>=25.5	<26.5	1	0	2	0
27	>=26.5	<27.5	4	0	3	0
28	>=27.5	<28.5	2	0	0	0
29	>=28.5	<29.5	1	0	0	0
30	>=29.5	<30.5	0	0	0	0

図 1.50　作成した集計表

6. 続いて、全体の関係を把握するために、4 種類の変数の折れ線グラフを求めます。
7. セル G3 の「BMI」の文字を削除して空白にします。次に「Ctrl」キーを押しながらセル範囲 G3:G19 の BMI の数値の範囲とセル範囲 J3:M19 のカウントした範囲をドラッグします。つまり列 G と列 J：列 M の離れたセル範囲を同時に指定します（図 1.51）。このときに、セル G3 の「BMI」という文字を削除することは忘れないでください。もし「BMI」の文字が残っていると上手に折れ線グラフを描画できないので注意してください。

	G	H	I	J	K	L	M
		下限	上限	20-現実	20-理想	40-現実	40-理想
	15	>=14.5	<15.5	0	0	0	0
	16	>=15.5	<16.5	0	0	0	0
	17	>=16.5	<17.5	3	7	1	0
	18	>=17.5	<18.5	9	27	5	7
	19	>=18.5	<19.5	23	34	3	11
	20	>=19.5	<20.5	20	20	9	20
	21	>=20.5	<21.5	16	11	12	12
	22	>=21.5	<22.5	6	3	9	9
	23	>=22.5	<23.5	9	3	10	7
	24	>=23.5	<24.5	8	1	9	0
	25	>=24.5	<25.5	4	0	3	0
	26	>=25.5	<26.5	1	0	2	0
	27	>=26.5	<27.5	4	0	3	0
	28	>=27.5	<28.5	2	0	0	0
	29	>=28.5	<29.5	1	0	0	0
	30	>=29.5	<30.5	0	0	0	0

図 1.51　グラフにする範囲を選択する

8. 文字の大きさ、マーカーなどを調整して、4本の折れ線グラフを描画します（図1.52）。

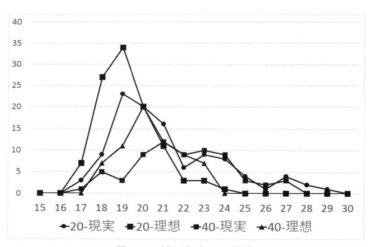

図 1.52　折れ線グラフの作成

1.4.2　棒グラフの作成

4種類のBMIに関して、今度は折れ線グラフでなく棒グラフを作成し、平均値と標準偏差を表示してみましょう。ここでは、筆者がすでにAVERAG関数とSTDEV.S関数でおのおのの平均と標準偏差を求めた値を列Gから列Kにかけて設定し、棒グラフを作成します（図1.53）。以前作成した`Nurse-2.xlsx`を使用してください。

※もとのデータや操作などによって、以降の説明に示すセルの参照範囲が異なる可能性があります。実際に抽出されたデータ範囲を指定してください。

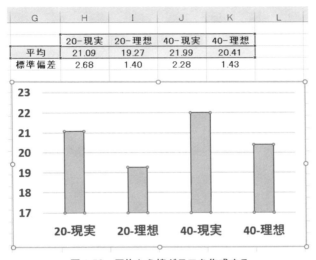

図1.53　平均から棒グラフを作成する

1. 作成した棒グラフに、標準偏差を「ひげ」で表示させましょう。グラフを左クリックし、メニューから「グラフツール」→「デザイン」→「グラフのレイアウト」→「グラフ要素を追加」→「誤差範囲」→「その他の誤差範囲オプション」と選びます（図1.54）。

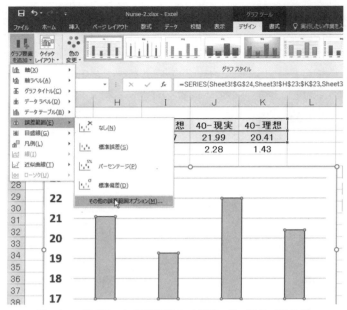

図 1.54 棒グラフに標準偏差の「ひげ」をつける（その1）

2. 「誤差範囲の書式設定」の画面で、「縦軸誤差範囲」と「終点のスタイル」を適宜決めます。今回は「両方向」と「キャップあり」としています。
3. 「誤差範囲」を「ユーザー設定」として、「値の設定」をクリックして「正の誤差の値」「負の誤差の値」を設定します。この場合、正と負の誤差範囲として標準偏差のセル範囲（**図 1.55** ではセル範囲 H25:K25）を参照します。

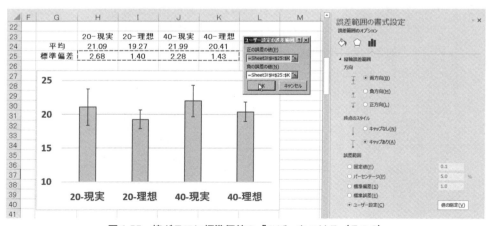

図 1.55 棒グラフに標準偏差の「ひげ」をつける（その2）

4. 「ひげ」が設定されたら、「軸の文字の大きさ」「軸の数値の間隔」などを調整して、グラフを完成させます（図1.56）。

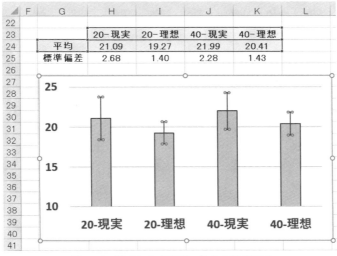

図1.56　完成した「ひげ」付きの棒グラフ

　この形式のグラフは、平均値の絶対的な大きさと、標準偏差を表現するグラフとなります。平均値と標準偏差、つまり観測したデータのばらつきの程度を把握するのに用います。正式な論文には、この種の「ひげ」のついたグラフがよく使われています。完成したグラフは **Nurse-3.xlsx** として保存しておきましょう。

1.4.3　箱ひげ図でデータの分布を把握する

　前項で作成したグラフは、「個別のデータがどこからどこまでの範囲に分布するか」を表現することには向いていません。そこで、Excel 2016から採用された**箱ひげ図**でグラフを作り、データの分布を検討します。

　箱ひげ図では、**四分位数**という考えが重要な意味を持ちます。

　データの個数を4等分したときの3種類の境目（区切り点）を、四分位数と呼びます。それぞれが25パーセンタイル（第1四分位数）、50パーセンタイル（中央値）、75パーセンタイル（第3四分位数）となります。

　箱ひげ図は、箱の下側が第1四分位数、箱の上側が第3四分数を表します。また、平均値と外れ値（**特異点**）もプロットでき、箱に「ひげ」と呼ばれる垂直方向の線がつきます。この「ひげ」で、全体から極端に離れて存在する点を示します。

　もう少し詳しく、ひげの長さの求め方を解説しましょう。まず、箱の下側の線（第1

四分位数）と上側の線（第3四分位数）の長さ（箱の高さ）の1.5倍の値を求めます。箱の上側の線に箱の高さの1.5倍を足した点、同じく箱の下側の線より、箱の高さの1.5倍を引いた点までひげを引きます。そしてここより外側を特異点とします。つまり四分位範囲の1.5倍を超えた値を外れ値として表示します。

それでは、実際の箱ひげ図を作りましょう。**Nurse-4.xlsx** を開いてください。

1. まず、折れ線グラフの作成に使った、4種類の年代別のBMIを用意し、いちばん左の列に「病院」という列を加えて県名を入力します（図 1.57）。今回は、用意した109件のデータに、上から7行ずつ「東京」「神奈川」「千葉」と県名を入れています。以下ではこの21件を、箱ひげ図として描画します。

	A	B	C	D	E	F	G
1							
2							
3		病院	20-現実のBMI	20-理想のBMI	40-現実のBMI	40-理想のBMI	
4		東京	27.6	22.0	23.3	20.8	
5		東京	21.2	18.6	19.4	20.1	
6		東京	20.3	19.5	19.7	18.4	
7		東京	20.3	19.5	21.6	19.5	
8		東京	17.9	18.9	25.6	22.6	
9		東京	22.6	19.3	20.6	18.5	
10		東京	21.1	20.3	23.9	22.6	
11		神奈川	23.8	18.9	24.2	23.0	
12		神奈川	24.8	21.3	23.5	21.4	
13		神奈川	24.5	20.5	23.7	21.6	
14		神奈川	21.2	19.7	20.8	19.8	
15		神奈川	20.2	19.2	21.2	19.2	
16		神奈川	19.3	17.6	23.4	21.5	
17		千葉	17.5	18.3	22.7	20.9	
18		千葉	20.1	19.2	20.2	19.6	
19		千葉	23.6	21.3	19.5	19.5	
20		千葉	19.5	18.8	24.2	22.2	
21		千葉	22.8	20.6	23.7	21.8	
22		千葉	19.0	18.6	23.1	21.5	
23		千葉	26.8	21.6	23.3	21.6	
24			24.7	21.4	26.6	22.9	

図 1.57 病院の所在地として県名を加えたデータを用意する

2. データをドラッグして、グラフの種類に箱ひげ図を選びます（図 1.58）。

1.4 アンケートデータのグラフ化—連続量のグラフ

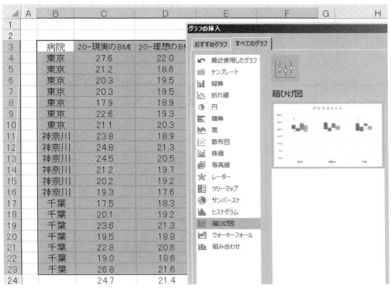

図1.58 グラフの種類として箱ひげ図を選ぶ

3. グラフ部分を右クリックし「**データ系列の書式設定**」を選び、細かな調整をします。グラフの塗りつぶしのパターンを選んで、「軸のフォント」「枠線の色」などを調整し、箱ひげ図を仕上げます（**図1.59**）。

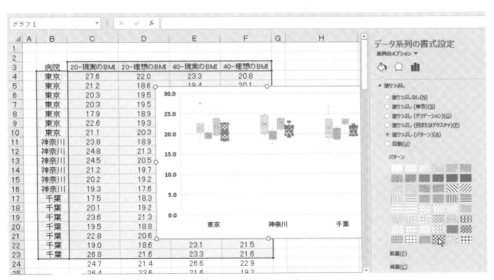

図1.59 グラフをパターンで塗りつぶす

4. グラフを左クリックしたあとに、メニューから「グラフツール」→「デザイン」→「グラフ要素を追加」→「凡例」→「右」を選ぶと、グラフの右側に凡例を描けます（図 1.60）。

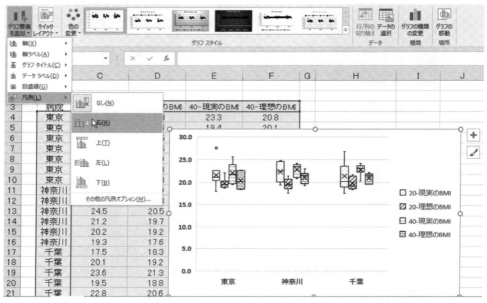

図 1.60　凡例の追加

5. 今度は、先ほど求めた 109 件全体を用いて、「病院」の変数に「全体」と入力し、BMI 全体の箱ひげ図を作ります（図 1.61）。なお、ここでは「病院」の列に「全体」というラベルを割り振りましたが、病院の列になにも入力しなければ、X 軸にはなにもラベル表示されません。

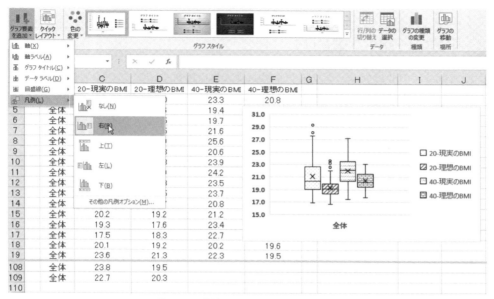

図 1.61　全体の BMI の箱ひげ図を作る

作成された箱ひげ図を見ただけで、以下のような情報が分かります。

① 20 〜 30 代における現実の BMI と理想の BMI の平均値は大差ありませんが、現実の BMI の値は広い範囲に分布しています。

② 理想の BMI としては全員が 25 以下を選んでいます。

③ 理想の BMI として 25 以下を目指す傾向はすべての人に共通しており、20 〜 30 代だけでなく 40 〜 50 代の分布からも読み取れます。

以前の、平均値の絶対的な大きさと標準偏差を示すグラフでは得られなかった細かな情報が、このような散布図のデータを作ることで得られます。

さて、ここまでの解説で、大量のデータの扱い方をある程度学び終えました。この先、しばらくは統計用語の基礎である、「**平均**」「**分散**」「**標準偏差**」の理論的な求め方を解説します。少し退屈な内容かもしれませんが、きちんと理解すれば一生役立つ内容ですので、地道に学習を進めてください

1.5 平均と分散の求め方

記述統計学の分野では、グラフや集計表は大事な解析手法です。しかし、データの分布を記述する統計量を求めることも、同様に重要です。統計量には「平均」「分散」「標準偏差」「最大値」「最小値」「順位」など、さまざまなものがあります。これらの値は、Excel の関数でかんたんに求められますが、その意味を知らずに使うとなにかとトラブルが生じます。

ここでは、記述統計学の基礎である「平均」「偏差」「偏差平方」「偏差平方和」「分散」「標準偏差」などの求め方を、基礎からきちんと学びます。パソコンが普及した今の時代だからこそ、基礎をきちんと押さえておけば、人より少し先にいけます。これらのノウハウは、あとで必ず役にたちます。

1.5.1 生データから平均値を求める

平均値とはなにか？ ということは、学校の成績などの関係で、ほとんどの方は知っているでしょう。通常、**平均値**は、データの値の合計をデータの個数で割る**算術平均**を使います。ある量的変数について n 個のデータ ($x_1, x_2, \cdots, x_n$) を得た場合、その平均値は次の式で表現されます。

$$\bar{x} = \frac{\sum_{i=1}^{n} x_i}{n}$$

$\sum$ はギリシャ文字のシグマの大文字で、「すべてのデータを足し合わせる」という意味の記号です。これは最初の x_i の i に 1 を入れて x_1 とし、あとは i を 1 ずつ増加して、x_2, x_3 と続けて x_n まで、n 個のデータを足し合わせることを意味します。

■参考

生のデータの場合、おのおのの事象の発生する割合は $1/n$ です。ですから

$$E(x) = \sum_{i=1}^{n} x_i P(x_i) = \sum_{i=1}^{n} x_i \frac{1}{n} = \frac{\sum_{i=1}^{n} x_i}{n}$$

となり、直接、平均値を求めるのと同じことになります。

P は probability（確率）の意味で、$P(x)$ はデータ x_i の発生する確率のことです。詳

しくは第2章を参照してください。

■例題（所持金の平均を求める.xlsx）

10人の学生に所持金を聞いたところ、**図1.62**のような結果になりました。この値から、10人の学生の所持金の平均値を求めてください。

■解答

この程度の数値であれば、暗算や電卓でもかんたんに「平均値は2000円」と求まりますが、ここではExcelで求めてみましょう。Excelの場合は、AVERAGE関数を利用して、次のような操作をします。

1. 平均値を表示したいセルをクリックして、半角で「=AVERAGE(」と入力します。
2. 対象とするセル範囲B4:C8をドラッグします。するとセルの範囲が「B4:C8」のように文字で表示されます。
3. 最後に、式の一番右側に半角で「)」を入力して「Enter」キーを押せば、簡単に平均値の2000が求まります。

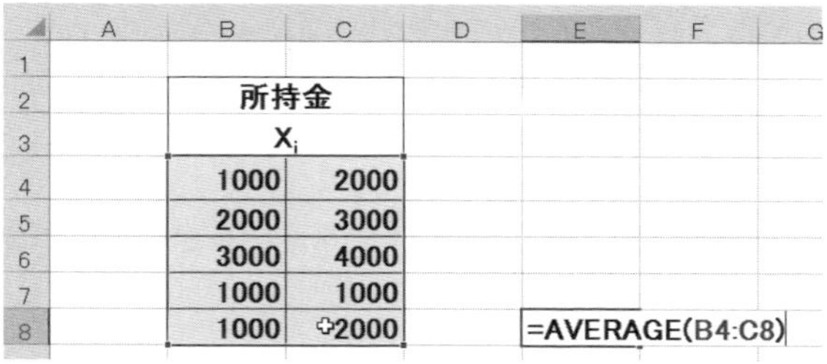

	A	B	C	D	E	F
1						
2		所持金				
3		X_i				
4		1000	2000			
5		2000	3000			
6		3000	4000			
7		1000	1000			
8		1000	2000		=AVERAGE(B4:C8)	

図1.62　所持金の平均値を求める

1.5.2　集計表から平均値を求める

統計の分野で表というと、集計表を指すケースが多いでしょう。**集計表**とは、データの出現頻度を集計したものです。図1.62の例では、1000円が4件、2000円が3件、3000円が2件、4000円が1件あるデータを表にしたものが集計表となります。すでにピボットテーブルの機能で集計表の作り方は学習しました（1.1.2項）。

ExcelのAVERAGE関数は便利ですが、データが最初から集計表の形になっていると、平均を求めることはできません。

平均値を生のデータから求める方法は

$$\overline{x} = \frac{\displaystyle\sum_{i=1}^{n} x_i}{n}$$

と表現しましたが、集計表から求める場合は、集計表の各行の値を x_i として、x_i の確率を $P(x_i)$ として、次のように表現します。

$$E(x) = \sum_{i=1}^{n} x_i P(x_i)$$

■例題（集計表から平均値を求める.xlsx）

図 1.63 の集計表をもとに、所持金の平均値を求めてください。

	G	H	I	J	K
1					
2					
3		所持金	人数	人数の確率	
4		X_i		$P(X_i)$	$X_i P(X_i)$
5		1000	4		0.4
6		2000	3		0.3
7		3000	2		0.2
8		4000	1		0.1

図 1.63　集計表から平均値を求める

■解答

これは単に、$1000 \times 0.4 + 2000 \times 0.3 + 3000 \times 0.2 + 4000 \times 0.1 = 2000$ となります。

■例題

確率のない単純な集計表（図 1.64）で所持金の平均を求めてください。

	A	B	C	D	E
1					
2					
3		所持金	人数	所持金×人数	
4		1000	4		
5		2000	3		
6		3000	2		
7		4000	1		
8		合計	10		
9					
10			平均		
11					

図 1.64　通常の集計表から平均を求める

■解答

この場合は、所持金×人数を求めて総和を求め、それを人数で割ります（図 1.65）。

	A	B	C	D	E
1					
2					
3		所持金	人数	所持金×人数	
4		1000	4	4000	
5		2000	3	6000	
6		3000	2	6000	
7		4000	1	4000	
8		合計	10	20000	
9					
10			平均	2000	
11					

図 1.65　通常の集計表から平均を求める場合の答え

1.5.3　偏差平方和、分散を求める

変数がどのように分布しているかは、平均値だけでは把握できません。そのため、平均値より各データがどれくらい離れているか、つまりデータのばらつきを示すなんらかの指標が必要となります。その指標が、**偏差**、**偏差平方**、**偏差平方和**、**分散**です。

■偏差

偏差とは、おのおのの値から平均を引いたものです。それぞれの値がどの程度ばらついているかを示しはしますが、プラスの値もマイナスの値もあり、取り扱いが不便です。

$$\text{偏差} = x_i - \overline{x} = x_i - E(x)$$

■偏差平方

偏差平方とは、偏差を平方、つまり 2 乗して正の数にしたものです。

$$\text{偏差平方} = (x_i - \overline{x})^2 = (x_i - E(x))^2$$

■偏差平方和

偏差平方和とは、偏差平方をすべて足し合わせたものです。この値が大きければ、個々のデータの平均値からの離れ具合、つまりばらつきが大きいといえます。しかし、データの数が多くなれば値も大きくなるので注意が必要です。偏差平方和は**偏差の 2 乗和**、**偏差の自乗和**と表現することもあります。

$$\text{偏差平方和} = \sum_{i=1}^{n}(x_i - \overline{x})^2 = \sum_{i=1}^{n}(x_i - E(x))^2$$

■分散

統計の中でばらつきの程度を示す「分散」は、とても重要な指標です。

例として、ファッションモデルの身長について考えてみましょう。平均値が高く、かつ分散が小さければ、背が同じ程度の人が揃っていることを意味します。しかし、身長の平均値が高く、かつ分散が大きければ、小さいモデルさんも、大きなモデルさんもいることを意味します。

別の例も考えてみましょう。算数、国語、社会、理科の点数の分散が小さければ、どの科目も同じような成績であることを意味します。成績の分散が大きければ、非常に成績がよい科目もあれば、極端に悪い成績の科目もあることを意味します。これから先、統計の基礎を学んでいくうえで、平均と分散はデータの分布を示す非常に大事な情報となります。

分散 $V(x)$ は、偏差平方和の平均で定義します。しかし、偏差平方和を求めてから平均をとるだけでなく、以下のように式を変形して使うことでも求められます。これらの式は、ぜひ覚えておきましょう。

$$
\begin{align}
V(x) &= E((x - E(x))^2) \\
&= \sum_{i=1}^{n}(x_i - E(x)^2 P(x_i)) \tag{1} \\
&= \sum_{i=1}^{n} x_i^2 P(x_i) - 2E(x)\sum_{i=1}^{n} x_i P(x_i) + E(x)^2 \sum_{i=1}^{n} P(x_i) \tag{2} \\
&= E(x^2) - E(x)^2 \tag{3}
\end{align}
$$

■参考

式 (1) は、集計表から分散を求める方法のひとつで、偏差の 2 乗に確率を掛けて合計して分散を求めています。

式 (2) における第一項目は

$$ E(x) = \sum_{i=1}^{n} x_i P(x_i) $$

の形を参考にして $E(x^2)$ と書けます。式 (2) の第二項目の後半は $E(x)$ そのもの、第三項目の Σ 部分は確率の総和ですから 1 になります。その結果、式 (3) が導かれます。

つまり一度平均値を求めてから偏差の 2 乗を求めるよりも、データの 2 乗の平均と全体の平均の 2 乗を求めて分散を求めるほうが、掛け算の回数が少なくて済むので計算が楽になります。

分散の求め方をスマートに示すと上記のような流れになるのですが、これでは少々難

しいと感じる方がいるでしょう。そこで、分散でなく偏差平方和を求めるところに焦点をあてて、もう一度式の変形をします。偏差平方和を求める式を、次のように変形します。

$$\begin{aligned}偏差平方和 &= \sum_{i=1}^{n}(x_i - \bar{x})^2 \\ &= \sum_{i=1}^{n}(x_i^2 - 2x_i\bar{x} + \bar{x}^2) \\ &= \sum_{i=1}^{n}x_i^2 - \sum_{i=1}^{n}2x_i\bar{x} + \sum_{i=1}^{n}\bar{x}^2 \end{aligned}$$

ここで、次の性質を利用して式を書き換えます。式は難しそうですが、よく見るとあたりまえの性質です。

$$\sum_{i=1}^{n}x_i = n\bar{x} : データ n 個を全部足したものは平均の n 倍$$

$$\sum_{i=1}^{n}\bar{x}^2 = n\bar{x}^2 : 平均の 2 乗を n 回足し合わせたものは、平均の 2 乗の n 倍$$

これらの性質を先ほどの式に代入します。

$$\begin{aligned}偏差平方和 &= \sum_{i=1}^{n}x_i^2 - 2\bar{x}\sum_{i=1}^{n}x_i + n\bar{x}^2 \\ &= \sum_{i=1}^{n}x_i^2 - 2\bar{x}n\bar{x} + n\bar{x}^2 \\ &= \sum_{i=1}^{n}x_i^2 - n\bar{x}^2 \end{aligned}$$

つまり、各データの 2 乗をすべて足し合わせた平方和から、平均値の 2 乗の n 倍を引けばよいのです。次の式に示すように、平均値の 2 乗の n 倍は合計の 2 乗を件数で割ったものと同じなので、この表現を用いることもあります。

$$平均 \times 平均 \times n = \frac{合計}{n} \times \frac{合計}{n} \times n = \frac{合計^2}{n}$$

母分散はここで求めた偏差平方和を n で割ります。もし不偏分散を求めるときは偏差平方和を $n-1$ で割ります。母分散と不偏分散の関係は 1.5.8 項で説明します。

1.5.4 基本的な方法で分散を求める

電卓や手計算など、基本的な方法で分散を求めるには、図 1.66 のような表を作って計算します（**基本的な方法で分散を求める.xlsx**）。まず、全体の平均を求め、セル C14 に記入してください。その平均をもとに列 D に偏差を、列 E に偏差平方を記入してください。それから、セル E14 に偏差平方の合計、つまり偏差平方和を求め、セル E15 に標本数を記入します。偏差平方和を標本数で割って最終的にセル E15 に分散を求めることができます。

Excel の場合は、関数を使用します。生のデータがある場合の分散で、対象とするものを母集団と見るときは VAR.P 関数を使います。一方、なにかの母集団から抜き出した標本と見るときは、VAR.S 関数を用いると、かんたんに分散を求められます。

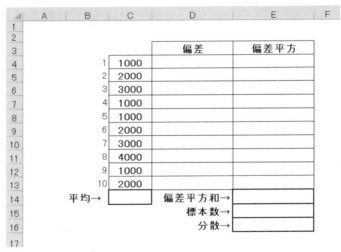

図 1.66 基本的な方法で分散を求める

図 1.66 の解答は、図 1.67 のようになります。不偏分散を求めるには、偏差平方和を（標本数 − 1）の値で割ります。値は 10000000 / 9 = 1111111 となります。

図 1.67　Excel による分散の計算（その 1）

1.5.5　計算を工夫して分散を求める

すでに説明したように、分散を求める $V(x) = E(x^2) - E(x)^2$ の式を参考に、測定値の平方の平均から、平均の 2 乗を引いて計算をします。この x の 2 乗の平均は、**平均平方**とも呼びます。Excel では**図 1.68** のように求めます（**計算を工夫して分散を求める.xlsx**）。

図 1.68　測定値の平方から分散を求める

解答は**図 1.69** のようになります。

不偏分散を求めたいときは、平方和 − 平均 ^{2} × 件数を求め、その値を（件数 − 1）の 9 で割ります。値は $(50000000 - 2000 * 2000 * 10) / (10 - 1) = 1111111$ となります。

	I	J	K	L
3			平方	
4		1000	1000000	
5		2000	4000000	
6		3000	9000000	
7		1000	1000000	
8		1000	1000000	
9		2000	4000000	
10		3000	9000000	
11		4000	16000000	
12		1000	1000000	
13		2000	4000000	
14		平方和	50000000	
15		平方和/n	5000000	
16		平均	2000	
17		平均 ^{2}	4000000	
18		分散	1000000	
19				
20				

図 1.69　Excel による分散の計算（その 2）

1.5.6　通常の集計表から分散を求める

図 1.70 のように集計表のみが手元にある場合、その表から分散を求めるには次の式を使って計算します。本書の説明の多くでは、この方法を使って分散を求めています。

$$V(x) = E(x^2) - E(x)^2$$

	A	B	C	D
1				
2				
3		所持金	人数	
4		1000	4	
5		2000	3	
6		3000	2	
7		4000	1	
8				

図 1.70　集計表から分散を求める

以下に示す手順の番号は、図 1.71 の番号と対応しています。この順番に作業を行えば、分散を求められます（**分散を求める手順.xlsx**）。

1. 人数の合計を求めます（セル C8）。
2. 所持金と人数を掛け合わせます（セル範囲 E4:E7）。
3. 所持金と人数の合計を求め、そこから平均値を求めます（セル E9）。
4. 所持金の 2 乗に人数を掛けます。これは所持金ごとの平方を求めていることになります（セル範囲 G4:G7）。
5. 平方和を求めます（セル G8）。
6. 平方和を人数で割ります（平均平方）（セル G9）。
7. 平均値の 2 乗を求めます（セル G10）。
8. 平均平方から平均値の 2 乗を引いて分散を求めます（セル G11）。

不偏分散を求めたいときは、5 の平方和から平均の 2 乗の 10 倍を引き、「件数 − 1」の 9 で割って不偏分散を求めます。

	A	B	C	D	E	F	G
1							
2							
3		所持金	人数		所持金×人数		所持金²×人数
4		1000	4		4000		4000000
5		2000	3		6000		12000000
6		3000	2	②	6000	④	18000000
7		4000	1		4000		16000000
8		合計	10		20000	⑤	50000000
9			①↑	③	2000	⑥	5000000
10						⑦	4000000
11						⑧	1000000
12							
13							

図 1.71　Excel による分散の計算（その 3）

1.5.7　標準偏差

分散は偏差の 2 乗の平均ですから、その単位はデータの単位の 2 乗になっています。しかしいろいろな処理をしていくうえで 2 乗の単位は扱いにくいので、その平方根をとった**標準偏差**がばらつきの指標として使われます。母集団の標準偏差なので**母標準偏差**とも表現します。

$$標準偏差 = \sqrt{V(x)}$$

1.5.8 母分散と不偏分散

観測している集団がすべての場合、つまり母集団の場合と、母集団の一部からデータを取り出した標本の場合とでは、観測値の平均は同じですが、分散を求めるための偏差平方和の平均の求め方が異なります。

もし、観測している集団が母集団であれば、偏差平方和の平均を求めるためには n で割ります。しかし母集団の一部、つまり標本だとしたら、偏差平方和の平均を求めるために n ではなく $n-1$ で割ります。両者の差を明確にするため、本書では母集団の分散と標準偏差を、**母分散**と**母標準偏差**と表現します。標本から推定した母分散を**不偏分散**と呼びますが、その平方根は単に**標準偏差**と表現します。なぜ、$n-1$ と n の違いが出るかは 4.3 節で説明します。

Excel の関数では、母分散と母標準偏差は `VAR.P` 関数と `STDEV.P` 関数で、不偏分散と標準偏差は `VAR.S` 関数と `STDEV.S` 関数で求めます。

1.5.9 そのほかの統計量

ここではとくに関数の説明はしませんが、「平均」「分散」「標準偏差」のほかの主な統計量として、「最大値」「最小値」「最頻値」（一番度数の多い値）などが Excel でかんたんに求められます。その例を図 1.72 に示します。

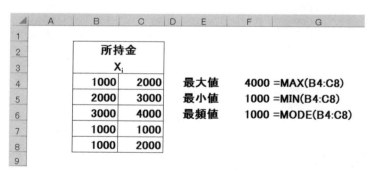

図 1.72　最小値、最大値、最頻値

☑ Excel 関数に頼りきらないようにしよう

　Excel では、関数を使うとかんたんに、平均、分散、標準偏差を求めることができます。しかし、集計表からそれらの統計量をかんたんに求めることはできません。

　各種の統計資料に記載されている集計表から「平均、分散、標準偏差を求めたい」というシチュエーションは、実務においても頻繁にあることです。ですから、便利な Excel の関数にのみ頼るのでなく、集計表からも、平均、分散、標準偏差を求められるように、一度しっかりと基礎を押さえておいてください。

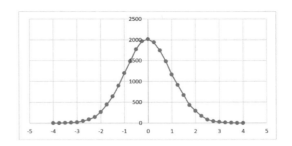

第2章
確率を考える

順列、組み合わせなどの確率の基本的な内容は、数式のみではなかなか理解できません。本章では、1から43までの異なる数字6種類を選んで当てるタイプの宝くじ「LOTO6」を例に取り上げ、基本的な確率の考え方を学びます。

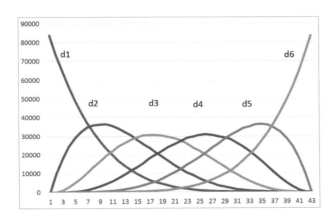

2.1 確率とは

確率とは、難しい定義がいろいろとありますが、かんたんにいうと「物事の生じる確からしさ」です。

教科書によっては、サイコロの目を例にあげ、すべての目の出るパターンを数え上げ、「特定の目の出る数÷すべての数」の形で確率を定義します。たとえば2つのサイコロを投げて出る目のパターンの合計が偶数になる組み合わせをすべて数え上げると

1-1、1-3、1-5、2-2、2-4、2-6、3-1、3-3、3-5、
4-2、4-4、4-6、5-1、5-3、5-5、6-2、6-4、6-6

の18種類となります。全体のサイコロの目の組み合わせは6×6の36ですから、サイコロの目の合計が偶数になる確率は$18/36 = 1/2$となります（なお、パソコンでは÷の記号がなく、/ を割り算の記号として使用します）。

さて、実際の社会では、すべての場合の数を数え上げることはできないことがほとんどです。たとえば、男子学生向けの就職活動用スーツを生産する場合を考えてみましょう。売れない在庫を抱え込まないためには、「A5」や「AB5」などの各サイズをどの程度作るか、という判断は重要です。しかし、日本の男子学生すべてを集めて、すべてのサイズを調べて頻度まで求めることは不可能です。そこで、ある程度の人数でサイズの分布を調べ、スーツの生産計画を立てるのが現実的な対応です。

すべての場合の数の「数え上げ」ができれば、確率を求められますが、実社会では「実験や観察」の試行から一部の例を見て全体の確率を求めるという立場になります。いずれにしても、確率＝物事の生じる確からしさ、であり、確率＝（事象Aの生じる場合の数 / 全体の数）と考えればよいでしょう。

2.1.1 確率変数と確率分布

確率変数とは「どのような値をとるかが確率で決まっている変数」で、**確率分布**とは「確率変数がどのような値になるかという分布を示したもの」です。サイコロで1の目が出る確率、ある範囲の身長の子どもが生まれる確率など、いろいろな例があります。

一方、PCの上で、乱数で1から6の整数を10000回発生させてその分布を見ても、すべてが同じ頻度になるわけではありません。しかし、サイコロで1から6の目が出る確率は$1/6 \fallingdotseq 0.166$ですから、図2.1を見ると、$10000/6 = 1666$に近い値に分布していることが分かります。

サイコロの目で1が出たとき、同時にほかの目が出ることはありません。このように、ある事象が1つ生じたときにほかの事象が生じないことを「事象が排反している」と表現し、そのような事象を**排反事象**と呼びます。

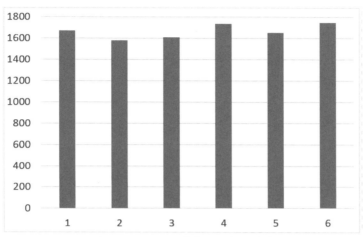

図2.1　サイコロで特定の目が出る確率

2.2 可能性を考える—順列、組み合わせ、確率

　統計とは、数多くのデータを整理して、そこになにかしらの法則があるかどうか、あるいは自分が見ている状態が、めったに生じないことなのかどうかを考える学問ともいえます。統計の基本の基本は、事象の組み合わせの数がどの程度あるかを「数え上げる」という点です。ここでは、数え上げの基礎になる、「順列」「組み合わせ」「確率」について学びます。

2.2.1　順　列

　ものごとには順序があります。グループ8人の中から発表者3人を選んで発表の順番を決める場合、2泊の旅行に行って6種類の夕食から異なる2種類を選び、なにから食べるかを決める場合などがあります。

　いろいろな場面で、異なるn個の要素からなる集合Mからr個の要素を取り出して、順序も考慮して一列に並べる方法を、Mからr個の要素を取り出す**順列**といいます。

ここで注意する必要があるのは、内容が同じ要素でも順序が異なれば別に扱う点です。たとえば2泊するリゾートホテルの夕食を和食、中華、フレンチ、イタリアン、エスニック、焼肉から選ぶ場合、和食＋中華と中華＋和食の組み合わせは異なるものとして扱います。

　このように、いろいろな場合をすべて数え上げるのは大変な作業です。そこで、楽に組み合わせを計算する方法を考えます。組み合わせの数は、最初に n 個から1つを取り出し、残りの $n-1$ 個から1つを取り出し、この手順を r 回繰り返した数になります。この数の表現を $_nP_r$ と表現し

$$_nP_r = n(n-1)(n-2)\cdots(n-r+1) = \frac{n!}{(n-r)!}$$

で表現します。

　!記号は**階乗**と呼び、n から1まですべて順番に掛け合わせることを意味します。

$$n! = n \times (n-1) \times (n-2) \cdots 2 \times 1$$
$$8! = 8 \times 7 \times 6 \times 5 \times 4 \times 3 \times 2 \times 1 = 40320$$

　グループ8人の中から発表者3人を選ぶ計算の場合、一度8の階乗を求めてから5の階乗で割るのは大変なので、式を通分して計算します。

$$_8P_3 = \frac{8!}{(8-3)!} = 8 \times 7 \times 6 = 336$$

　先に例としてあげたリゾートホテルの夕食を、「和食、中華、フレンチ、イタリアン、エスニック、焼肉」の6種類から、順番を意識して2種類選ぶケースは30通りになります。

$$_6P_2 = \frac{6!}{(6-2)!} = 6 \times 5 = 30$$

2.2.2　組み合わせ

　順列では、要素の並べ方はすべて異なる（ABとBAは別もの）と考えていましたが、順序を考慮せず、要素が同一なら同じ（ABとBAは同じもの）と考える方法もあります。異なる n 個の要素の集合から r 個の要素を取り出す方法を**組み合わせ**と呼びます。

　先ほどの発表者の例で考えてみましょう。発表する人にとって重要なのは、自分が発表者になるかどうかであって、発表の順番ではないでしょう。つまり、発表メンバーの

順列ではなく、組み合わせのみに関心があるはずです。また、先ほど順列で考えた夕食の例ですが、1日目と2日目の順番が入れ替わることには関心がなく、宿泊中になにを食べるかという内容のみを問題にする人もいるでしょう。この場合も、順列ではなく組み合わせのみに関心があるといえます。

このように、順列の状態を個々の要素の組み合わせとして見ると、おのおのの中に選んだ r 個の順列の数 $r!$ だけ、同じものが含まれていることに気が付きます。ですから、順列の数を $r!$ で割れば、組み合わせの個数が求まります。

n 個の要素から r 個を取り出す組み合わせを ${}_nC_r$ と表現すると

$$_nC_r = \frac{n!}{r!(n-r)!}$$

で表現できます。

2.2.3 Excel の関数による階乗、順列、組み合わせの求め方

数式ばかりの味気ない話はひとまずおいて、宝くじの LOTO6 を例にして統計の話を解説します。

宝くじの LOTO6 は、1〜43 の異なる数字から 6 個の異なる数字を選ぶくじです。最初にお断りしておきますが、本書を読んでも LOTO6 が確実に当たる数字は得られず、生活は豊かになりません。しかし、LOTO6 を題材にしていろいろな勉強をすれば、あなたの知識は豊かになるはずです。

以前、私が統計の講義で LOTO6 を話題に取り上げると「学生をあおっている」「題材がいかがなものか」などと散々いわれました。しかし、今までの統計の本では、統計に興味を持つ人があまりいなかったのに比較して、LOTO6 を題材に説明すると、多くの方が目を輝かせて学習に励みました。真面目な話で統計嫌いの人をたくさん作るよりは、多くの人が興味を持つ内容で学習をするほうがよいはずです。そのため、本書では LOTO6 を例に取り上げて、「順列」「組み合わせ」あるいは「データの解析方法」などの話をいたします。

さて、先にも書きましたが、宝くじの LOTO6 は 1〜43 の異なる数字から異なる 6 個の数字を選ぶくじです。単純に考えると、${}_{43}P_6$ の組み合わせで約 44 億回に 1 回当たりが出ることになります。しかし、LOTO6 の当せん番号は数字の並びを考慮しないので、単純な組み合わせで ${}_{43}C_6$ となります。ここで必要な階乗や順列、組み合わせなどの値を電卓で求めるのは大変ですが、Excel の関数を使うとかんたんに求められます。表 2.1 に示すように、LOTO6 の当たり数字は 6096454 種類あるのが分かります。

表 2.1 階乗、順列、組み合わせの関数

名　称	関　数	例　題	数　式	結　果
階　乗	FACT (数値)	$8!$	=FACT(8)	40320
順　列	PERMUT (標本数 , 抜き取り数)	$_{43}P_6$	=PERMUT(43,6)	4389446880
組み合わせ	COMBIN (標本数 , 抜き取り数)	$_{43}C_6$	=COMBIN(43,6)	6096454

FACT 関数（階乗）

FACT(数値)

　数値の階乗を返します。数値の階乗は、1〜数値の範囲にある整数の積です。

　FACT = Factrial の略。

PERMUT 関数（順列）

PERMUT(標本数, 抜き取り数)

　標本数個から抜き取り数個を選択する場合の順列を返します。

　PERMUT = Permutation の略。

COMBIN 関数（組み合わせ）

COMBIN(標本数, 抜き取り数)

　標本数個から抜き取り数個を選択する場合の組み合わせを返します。

　COMBIN = Combination の略。

2.2.4　確率の基礎

　ここから、基礎的な確率の考え方を学びます。

　確率とは、物事の生じる確からしさです。たとえばコインを投げて裏表が出る回数を記録した場合、数多くコインを投げれば、表と裏の出る割合は 0.5 ずつになるはずです。しかし投げる回数が少なければ、表か裏のみの回数が多い可能性もあります。

　確率は 0 から 1 の間にあり、確率が大きいほどその事象が出現しやすくなります。かんたんな例では、サイコロ 1 つを投げて 1 の目の出る確率 $P(A)$ は 1/6 となり、1 以外の出る確率 $P(B)$ は 5/6 となります。

　このように、1 の出る場合とそのほかの目が出ることは同時には発生しませんので、これを「排反している」と表現します。ここですべての事象を Ω（ギリシャ文字のオメガ）で示すと、排反事象 A と B について、次の 3 種類の関係が成り立ちます。

① $0 \leq P(A) \leq 1$
② $P(\Omega) = 1$
③ $P(A \text{ or } B) = P(A) + P(B)$

上記の関係をLOTO6で考えます。

最初に、まだLOTO6に慣れていない方のために、選び出す数字を少なくした例を示します。

今、あなたの前に、1から5の数字をつけたボールがあると考えてください。そこから3種類のボールを取り出すとすると、組み合わせは次のようになります。なお、各数字は小さい順に並べています。

　　123、124、125、134、135、145、234、235、245、345

この組み合わせは、$_5C_3 = 10$ となります。さらに、3つの数字のうち最も小さい数字として「1」が出る確率を考えます。

よくある間違いですが、"5個のボールの中から「1」を選ぶから、「1」のボールを選ぶ確率は1/5"と考えるとおかしくなってしまいます。上記の例で、10例中6例に1の数字が出ていることからも明確です。

このケースで、5個のボールから3個のボールを選ぶ組み合わせの数は $_5C_3 = 10$ です。しかし、「1」のついたボールを選ぶ組み合わせとは、残りの2個のボールは1以外の4種類の数字から2つを選ぶ組み合わせとなるので $_4C_2 = 6$ となります。その結果、1の数字の出る確率は $_4C_2 / {}_5C_3 = 0.6$ となります。

上記の考えを、LOTO6の43種類の数字に拡張します。最初に43種類の数字から選び出した6種類の数字を小さい順に並べて、「d1、d2、d3、d4、d5、d6」と名付けます。ここで、一番小さい数字であるd1の場合を考えます。

d1で「1」が出るのは、43個のボールから「1」のついた数字を選び出すケースです。先ほどの例と同様に考えて、残りの5個はなにを選んでも構わないことになりますので、$_{42}C_5 / {}_{43}C_6$ でその確率が求まります。同様にして、「2」と「3」の数字が選ばれる確率は、残ったボールから選ぶ確率になりますので、おのおの $_{41}C_5 / {}_{43}C_6$、$_{40}C_5 / {}_{43}C_6$ で求まります。

$$\frac{{}_{42}C_5}{{}_{43}C_6} = 0.1395, \quad \frac{{}_{41}C_5}{{}_{43}C_6} = 0.1229, \quad \frac{{}_{40}C_5}{{}_{43}C_6} = 0.1079$$

したがって、d1が「1、2、3」のいずれかになる確率は、$P(A \text{ or } B) = P(A) + P(B)$ から各確率の合計で、$0.1395 + 0.1229 + 0.1079$ の 0.3703 となります。同様のことは、d6の「43、42、41」を選ぶ確率でも成立します。

☑ 確率を勉強すると？

　順列、組み合わせ、確率を少し勉強すると、今まで規則がないと思っていたLOTO6の数字も、ある規則で確率が求められるのが分かったでしょう。次節からは、確率分布を示す確率密度関数の話に入ります。

2.3 確率の分布を確かめる

　今までは、LOTO6の理論的な分布を考えてきました。しかし実際のLOTO6の各数字の分布はどうなっているでしょうか。また、数式で表現しにくいd2からd5の数字はどのように考えたらよいでしょうか。ここでは、実際のLOTO6の各数字をExcelで求め、そこから確率の基本的な考えを学びます。

2.3.1　超幾何分布とLOTO6

　2000年に始まったLOTO6において、一番小さい数字や一番大きい数字は、そのルールから**超幾何分布**という分布に従います。超幾何分布とは、合計N個のボールの中に、当たりボールがA個あり、このN個からn個を抜き出したときに、当たりが何個あるかを表すような分布です。

　詳しい関数の求め方はいったん保留して、実際の当せん数字を、みずほ銀行の宝くじのWebサイトから入手してグラフにしてみました。

　2000年10月から2018年4月上旬までの1回から1270回の当せん数字をもとに、各数字が何回出現しているかを示すと、**図2.2**のようになりました。

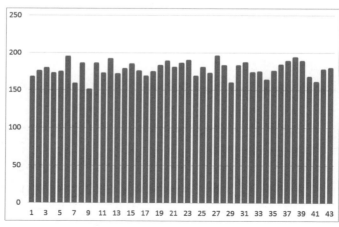

図2.2　LOTO6の当せん数字の分布

どの数字も、とくに多く出ているようには見えません。しかし、もう少し詳しく分析してみましょう。d1 から d6 の各数字の出現頻度を求めて折れ線グラフにすると、図2.3 のようなグラフになりました。

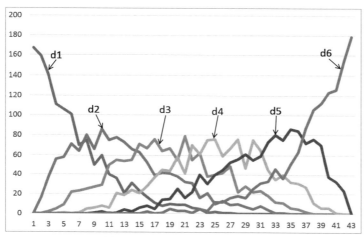

図 2.3　1 ～ 1270 回の数字の分布

図 2.2 で示した 43 個の数字をすべて表す棒グラフはほぼ平らになるのに、d1 ～ d6 それぞれの出方は偏っていることが分かります。

d1 は主に 1 ～ 22 あたりに分布し、d3 は主に 1 ～ 26 あたりに分布します。また、折れ線が最も高い位置にある数字は、最も出やすい数字です。そうであれば「どの数字が出やすいか」と考えるのも自然です。

しかし、d1 ～ d6 の数字は、常に同時にピークの付近が出るわけではありません。あくまで多くの試行を繰り返すと、ピークがある付近に集中するだけです。6 種類の数字は独立した関係なので、ピーク付近を買えば、必ず一等が当たるとはいえません。

さて、d1 は 2.2.2 項に示した組み合わせの数式（超幾何分布）に従っています。しかし、d1 以外の数字を数式で解くのは難しそうです。そこで、Excel で LOTO6 の原理に従う数字を生成して検討しました。

2.3.2 ExcelによるLOTO6のシミュレーションの例

ExcelでLOTO6と同じ条件に従う数字を発生させて、シミュレーションを行ってみました（**図2.4**）。なお、悪用防止のためこのシートは配布しておりません。ご了承ください。

	A	B	C	D	E	F	G	H	I	J	K	L	M	N	P	Q	R	S	T	U
1		1-43の乱数を生成						生成した数字の順位を求める							d1	d2	d3	d4	d5	d6
2	No	①↓	↓	↓	↓	↓	↓	②↓	③↓	↓	↓	↓	↓	key	1	2	3	4	5	6
3	1	16	33	8	37	28	40	2	4	1	5	3	6	21	8	16	28	33	37	40
4	2	36	15	25	28	37	20	5	1	3	4	6	2	21	15	20	25	28	36	37
5	3	39	13	37	42	40	1	4	2	3	6	5	1	21	1	13	37	39	40	42
9	7	34	25	26	28	20	43	4	2	3	1	6	1	21	20	25	26	28	34	43
10	8	26	6	15	22	29	41	4	1	2	3	5	6	21	6	15	22	26	29	41
11	9	1	6	16	36	31	13	2	4	6	5	3	1	21	1	6	13	16	31	36
12	10	28	10	34	6	35	39	3	2	4	1	5	6	21	6	10	28	34	35	39
13	11	2	16	33	17	26	23	2	3	5	4	2	1	21	2	16	17	23	26	33
15	13	25	26	42	35	29	5	3	6	5	4	1	1	21	5	25	26	29	35	42

図 2.4　LOTO6 のシミュレーション

■ シートの内容

シートの内容を解説します。

1. 列 B から列 G にかけて、RANDBETWEEN(1,43) を使って、1 から 43 の乱数を発生させます。
2. 6 種類の数字の順位を、列 H から列 M にかけて、RANK.EQ 関数で求めます。

RANK.EQ 関数

RANK.EQ(数値, 範囲, [順序])

数値のリストの中で、指定した数値の序列を返します。返される順位は、範囲内のほかの値との相対的な位置になります。複数の値が同じ順位にあるときは、それらの値の最上位の順位が返されます。リストの数値の順序を並べ替えても、指定した数値の順位は変わりません。

数値　　必ず指定します。範囲内での順位（位置）を調べる数値を指定します。

範囲　　必ず指定します。数値の範囲の配列またはその範囲への参照を指定します。範囲に含まれる数値以外の値は無視されます。

順序　　省略可能です。範囲内の数値を並べる方法を指定します。

　　　　順序に 0（ゼロ）を指定するか、順序を省略すると、範囲内の数値が、…、3、2、1 のように降順に並べ替えられます。順序に 0 以外の数値を指定すると、範囲内の数値が 1、2、3、…のように昇順で並べ替えられます。

---

3. 図 2.4 中の②では、RANK.EQ(B3,$B3:$G3,1) でセル B3 の順位を求めています。同様に、③では RANK.EQ(C3,$B3:$G3,1) でセル C3 の順位を求めています。これらの操作を繰り返し、列 B から列 G の順位を列 H から列 M にかけて求めます。
4. 順位の総和を求めて、列 N（key）に設定します。

key の値

6 種類の順位がすべて異なれば、key の総和は「1 + 2 + 3 + 4 + 5 + 6」で「21」となります。しかし、6 種類の数字の中に同じもの、つまり同順位があると、key の値は 21 より小さな値になります。

たとえば、6 種類の数字が「11、12、13、14、15、16」の場合、RANK.EQ 関数はそれぞれの数字に「1、2、3、4、5、6」と順位を振ります。そのため、すべての数字が異なる場合、合計は 21 になります。しかし、数字が「11、12、12、14、15、16」と一部が重複する（この例でいえば「12」が 2 回出現している）場合、「1、2、2、4、5、6」という順位を振ります。その結果、順位の合計は 21 より少なくなり、20 となります。

この性質を使って、オートフィルターの機能で key = 21 のものを選べば、6 種類の数字がすべて異なるもののみを選別できます。

d1 から d6 までを小さい順に並べ替える

なお、IF 関数を使うと、d1 から d6 までを小さい順に並べ替えられます。列 B から列 G にかけての順位がセル範囲 P2:U2 に書いてある順位と同じであれば、その値を保存するという処理を行うと、列 P から列 U にかけて小さい順で数字が並びます。しかしその関数の式は非常に煩雑になるので、ここでの解説は省略します。

■シミュレーションのグラフ

みずほ銀行の 1270 回の結果（**図 2.5** に再掲）はすでに示しましたが、シミュレーションの 10000 件と 600000 件でのグラフは、**図 2.6** と **図 2.7** のようになります。本来、LOTO6 全体の組み合わせは 6096454 通りですが、Excel 2016 で扱える最大の行数は 1048576 行なので、600000 件のデータを全体のデータとみなして処理をしました。

この場合、600000 件を母集団、みずほ銀行 1270 件のデータを母集団から一部抜き出した標本、と考えます。**1 万件のシミュレーションデータ.xlsx** をもとに、d1 ～ d6 がどのような分布になるか、体験してください。

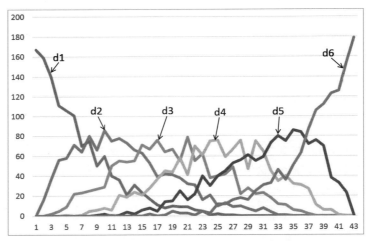

図 2.5　1270 回のシミュレーションデータ（再掲）

　余談ですが、私も今まで母集団や標本という用語を理解していたつもりだったものの、この 2 つを比較してはじめて、「母集団は全体の分布を代表するが、そこから抜き出した標本はデータがばらつく」ということを「なるほど」と実感しました。1270 件のデータで、d1 から d6 のどこに一番出やすい数字があるか、を決めるのは無理です。しかし、母集団とみなした 600000 件なら、「ほぼこのあたりが出やすい」という数字の範囲を指定でき、私も頭で理解していた母集団と標本の違いを改めて体験できました。

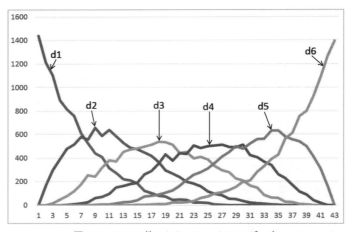

図 2.6　10000 件のシミュレーションデータ

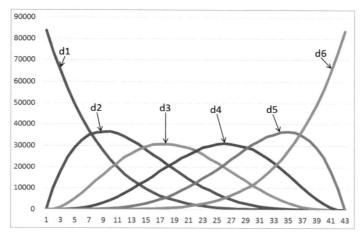

図 2.7　600000 件のシミュレーションデータ

ここで、d1 の出やすい範囲をグラフから考えてみましょう（図 2.8）。

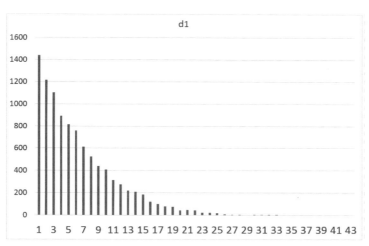

図 2.8　d1 の分布

このグラフを上手に使って LOTO6 の当せん数字を検討するには、今まで学校で習ってきたグラフの見方と少し違う見方をする必要が出てきます。

■グラフの見方

図 2.9 のグラフでは、d1 で特定の数字が出る確率を示したものです。X 軸で 7 を選ぶと、Y 軸の値から「7 が出る確率は 0.0618 である」ということが分かります。このように「X の値から Y の値を見る」という見方は、ごくあたりまえの折れ線グラフの使い方で、みなさんの頭の中にあるグラフの使用方法はこの方法だと思います。

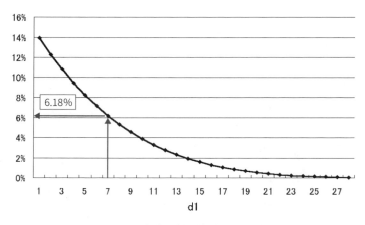

図 2.9　一般的な折れ線グラフの見方

しかし、LOTO6 を買うときに少しでも出やすい数字を得るには、1 つの数字のみでなく、ある範囲の数字が出る割合を知りたいはずです。今回のグラフは理論的な数値の出方の分布を求めているので、グラフの使い方は**図 2.10** のようになります。

まず、「d1 が 1 から 7 のいずれかになる」のは、「$P(1)$ から $P(7)$ の値を足し合わせると 0.6805 になる」ことを示しています。それと同時に、「7 より大きい数字が出る」確率は、全体が 1 ですから、「$1 - 0.6805 = 0.3195$」となることも意味しています。

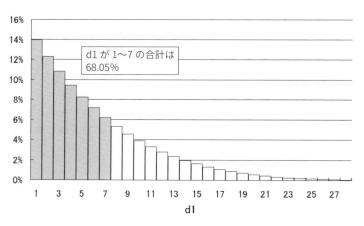

図 2.10　d1 が 1〜7 の場合

同様に、d1 が 16 までをとる確率は**図 2.11** の左側の面積（棒グラフの総計）で、それ以上をとる確率は右側の面積（棒グラフの総計）で表現されます。図 2.11 を調べると、d1 が 17 以上の値をとる確率は、0.0486 しかありません。つまり、最も小さい d1

の数字の場合、d1 が 17 以上になることは滅多に生じないと考えられます。

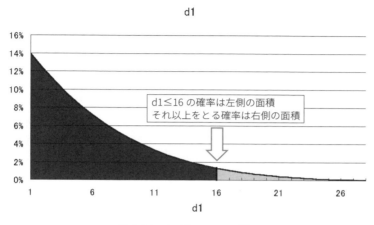

図 2.11　d1 が 1 ～ 16 の場合

　d2 から d5 は裾が両方に広がったグラフになるので、出やすい範囲 90% に当たる数字を選ぶとすると、下から 0.05 の場所と上から 0.05 にある場所を求め、その間に全体の 0.9 の値が分布すると考えます。d2 では 3 ～ 24 がその範囲になり、その関係をグラフで示すと、**図 2.12** のようになります。

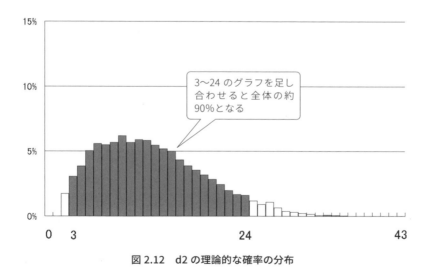

図 2.12　d2 の理論的な確率の分布

このように、ある事象が生じる確率を表現する関数を、変数が連続変数のときは**確率密度関数**といい、変数が離散量のときは**確率質量関数**といいます。本書ではとくに両者を区別せず、**確率密度関数**と表現します。

独立変数（この場合は d1）は**確率変数**と呼び、確率変数がある値以上になる割合は、確率密度関数のグラフの面積で表現されます。LOTO6 の例では、確率変数が 1 から 43 までの整数でしたので、幅が 1 の棒グラフの面積で考えています。

確率密度関数は、全体の試行の分布を表しています。ですから、X 軸が特定の範囲にあるとき、その範囲の面積の全体に対する割合は、全体の試行に対するその範囲の割合、つまり確率を示しています。本書では、このように確率密度関数の面積で確率を考えることを基本としています。

2.3.3　確率の分布関数を用いた考え方

本書で扱う統計解析の基本的な考え方は、観測したい事象の**確率の分布関数**（確率密度関数）のグラフで、知りたい範囲の確率変数に対応する面積が全体の面積に占める割合を求める点です。あたりまえですが、確率変数が極端に大きい値や小さい値は滅多に生じません。今回は LOTO6 の数字の分布を例にして、d1 が 17 以上は滅多に生じないことを説明しました。

世の中のいろいろな事象の分布は、決まった分布になることが知られています。この基本的な考え方を使うと、いろいろな面で役立ちます。この手順を、もう少し詳しく解説しましょう。

Step1　あなたが調べたい変数はなにか？

この変数は、一般に独立変数あるいは確率変数と呼ばれます。「身長」「体重」「試験の点数」「検査値」「アンケートの回答の頻度」など、あなたが調べたい値がこれにあたります。実際に調べたいことは、変数そのものである場合もありますが、2 種類の変数の差のばらつきの指標や、変数の頻度のばらつきの指標など、いろいろなケースがあります。

Step2　それはグラフで上手に表現されるか？　つまり、なにかの分布に従うか？

独立変数そのもの、もしくはそれから導かれる指標が、グラフで上手に表現できるかどうかが重要な点です。変数が連続変数の場合、このグラフを確率密度関数と呼びますが、最初は確率分布のグラフを描くのに使う関数と思うとよいでしょう。

ちなみに、本書の後半で説明する 2 群の平均値の比較、つまり平均の差の分布を検討する t 検定（5.3 節）は、平均値の差のばらつきの指標である t 値が t 分布（4.5 節）という分布に従うことを利用した検定です。アンケートの分割表の頻度を検討

するには、頻度のばらつきの指標である χ^2 値がカイ 2 乗分布（3.6 節）に従うことを利用した、カイ 2 乗検定を行います。

Step3　分布に従うのであれば、求めたい確率はグラフの面積でどのように表現できるか？

変数がある分布に従うのであれば、あなたが観測した値まで、あるいはそれ以上になる値や特定の値などをとる確率は、グラフの面積でどのように表現できるかを考えましょう。

結局のところ、自分が調べたい内容、あるいはそれから求まるある種のばらつきの指標、「z 値」「t 値」「χ^2 値」など（これらは本書の後半で説明します）を求め、それが理論的な分布上のどこに位置しているか、そしてそれ以上、あるいはある範囲をとる確率（グラフの面積）がどの程度かを考えるわけです。

グラフの面積を求めるには、本書の演習では、集計表やグラフの上での足し算（正確には数値積分ともいいます）で求めます。しかし、実際には各種の累積確率密度関数と呼ばれる別の関数を使うことで、面積にあたる値が簡単に求められます。

たとえば、10000 人が模擬試験を受けて、平均値 50 点、標準偏差が 10 点の結果を得たとします。すると、そのグラフは、図 2.13 のように中央が高く裾が低い正規分布と呼ばれる分布になります。

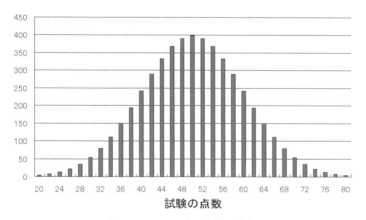

図 2.13　10000 人の点数の分布

正規分布は、各変数から平均値を引いて標準偏差（分布のばらつきの指標、グラフの幅を示す指標と考えてもよい）で割ると、どれも平均 0 で標準偏差 1 の、標準正規分布と呼ばれる分布に変換できます（図 2.14、3.5 節）。そうであれば、自分の点数が全体のどこにあるのか、あるいは、ある値以上の点数をとる確率、たとえば自分より点数の

よい人の割合がグラフより求められます。これは z 検定と呼ばれる方法（4.7.1 項）の基本的な考え方です。

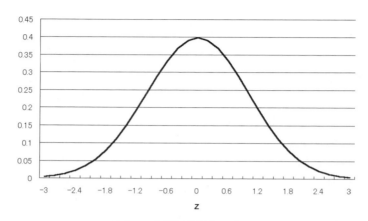

図 2.14　標準正規分布のグラフ

☑ 厳密さよりも、体験と納得から始めよう

　今回は、LOTO6 の数字の出方を例にして、確率と統計解析の基本的な考え方を解説しました。なぜデータそのもの、あるいはデータから導かれる指標が特有の分布に従うかについては、本書では概要を説明するまでにとどめます。統計解析を行ううえでは、私たちはそれらの指標がある分布に従うことを、自分で実際にデータを作って体験し、納得するところから話を始めます。

　正しい表現に重きをおき、数式ですべてを説明することは重要です。しかし、「順列」「組み合わせ」「積分」を習っていない人が、教科書で突然「確率密度関数」「累積確率密度関数」と難しい用語をいわれても、困惑して統計嫌いになるのが関の山です。

　本書は、本章で示したように、「求めたい指標のグラフの形が分かっていれば、選んだ数値からその範囲のグラフの面積が求まり、それは分布全体に対する確率になる」と大まかに把握してもらえるように作られています。それにより、統計解析の概略も把握しやすくなるはずです。

　2.3 節では、LOTO6 の数字を例にいろいろと説明しました。あなた自身の統計に関する知識は、少し豊かになったのではないでしょうか。「LOTO6 の当せん番号」という本当のお宝はなかなか得られないでしょうが、知識のお宝が得られたと考えて先に進んでください。

▶参考文献

田久浩志、岩本晋『統計なんかこわくない』医学書院、2002.8
田久浩志、林俊克、小島隆矢『JMP による統計解析入門　第 2 版』オーム社、2006.12

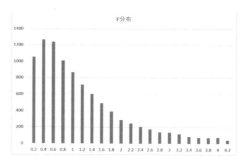

第3章
分布を考える

　本章ではいろいろな分布に従うデータを次々に生成し、グラフを作ります。最初はいびつな形のグラフも、データが多くなると次第にきれいな分布になっていきます。頭だけでは理解しにくい各種の分布を、実際に自分の手でデータを作成してグラフを作り、各種の分布を理解していきます。

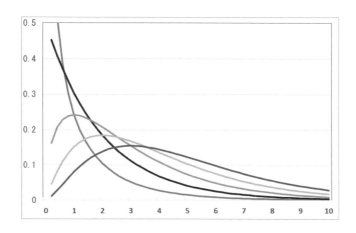

3.1 分布とは

統計を勉強している最中に、急に「二項分布」「正規分布」「ポアソン分布」「χ^2分布」「F分布」などといわれても、まるで実感がわかない人が多いでしょう。本章では、これらの分布に従うデータを自分で生成し、グラフを作って分布を体験して理解します。

理論的な分布の中で、自分の注目する値がどこに位置するかを考える方法を**推定**と呼びます。また2種類の分布の位置関係、つまりずれている関係を1つの分布に表現して、大きくずれたのか、あまりずれていないのかを考える方法を**検定**と呼びます。本章では、推定と検定の基礎となる変数の分布について、実際に変数を作り理解します。

統計をものにするには、統計に対する態度、知識、技能が重要です。本書では、今までの統計の本では学ぶのが難しかったこれらの3要素を身につけます。

3.2 分布を体験する演習シートの作成

本書は、統計の初心者や統計を苦手とする人のために、目で見て理解することを基本に解説をしています。そのため、頭ごなしに「これが〇〇分布です」と示すことはできるだけ避けています。そして、確率の分布を示すグラフ（確率密度関数）が基づく理論を学ぶときにも

①自分でその分布に従うデータを作成する
②生成したデータをグラフにして、どのような分布になっているのかを見る
③そのグラフで、平均や分散はどうなるのかを把握する

という流れで、体験して目で見て理解します。

データを作成・集計・体験して理解するためのシートを、本書では**演習シート**と定義します。シートの作り方の概要は1.1節で示しましたが、ここでは、より詳しく演習シートの操作方法を解説します。本章は、本書の中で少々複雑な内容にあたりますが、順序だてて作業を進めていってください。

3.2.1 演習シートの操作

演習シートとは、テーブル領域に設定した各種の乱数を、自分で集計してグラフ化するものです。この演習シートでは、事前に最上位のセルに関数で乱数を設定すると、自動的に同じ列のセルにその関数が書き込まれます。このシートでは、以下の作業を行います。

①指定した確率の分布に従う関数や数式などを1個のセルに貼り付ける。
②「テーブルとして書式設定」の機能を使い、自動的に同じ列にその関数をコピーして貼り付ける。
③集計する階級値の下限と上限を文字列で作成する。
④もとのセルの範囲、上限、下限の文字列をもとにCOUNTIFS関数で集計する。
⑤集計結果をもとにグラフを作成する。

では、まずは練習として、一様乱数を生成する演習シートを作成しましょう。

■演習シートの作成

最初に、図3.1のように作業を行います。

1. メニューから「ホーム」→「スタイル」→「テーブルとして書式設定」を選び、「書式設定」から好みのデザインを選択します。
2. セル範囲 $A$4:$A$10004 を「テーブル」として設定します。
3. 「先頭行をテーブルの見出しとして使用する」にチェックを入れます。
4. 「OK」をクリックすると、指定の範囲がテーブルとして設定されます。

図3.1 テーブル領域を設定する

5. 最上部のセルに =RAND() を入力すると、一列全体に瞬時に「一様乱数」が設

定されます（図 3.2）。

6. 作成した一様乱数 10000 件をもとに、乱数を階級値で集計してグラフを作成しましょう。図 3.3 の①〜⑤の手順を実行すると、⑤の結果をもとに、折れ線グラフが描画されます。

①一様乱数を 10000 件設定します。

②グラフで描画する範囲を、0.05 刻みで設定します。手入力すると大変なので、上のセルから順に「0」「0.05」「0.1」と入力して、そのセルをドラッグしたあと、オートフィルの機能で下まで数値を貼り付けると楽に設定できます。

③下限と上限の値を文字列で指定します。

④グラフを作ると、X 軸の 0 の所に 0 〜 0.05 の範囲を集計するため、グラフが少しずれて描画されます。そこで、X 軸の値に 0.025 を加えて、グラフの位置を修正します。

⑤ COUNTIFS 関数で、下限、上限の範囲の一様乱数を計数します。

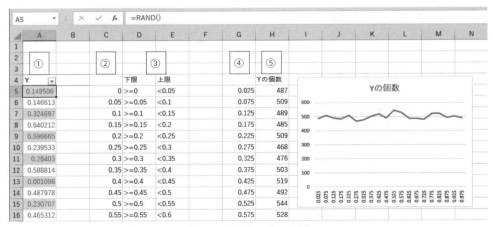

図 3.3　演習シートの外観

3.2 分布を体験する演習シートの作成

①〜⑤の手順を、もう少し細かく説明します。

下限と上限は範囲を文字列で入れてもよいのですが、図 3.4 に示すように、「>=」もしくは「<」と X 軸の値を & 演算子で結合したものを使うと範囲の設定が楽です。この場合、一番上でその 2 つの数式を入力したあとは、下方向のセルにオートフィルすれば、自動的に下限、上限が設定されます。

C	D	E
②	下限	③ 上限
0	=">="&C5	="<"&(C5+0.05)
0.05	=">="&C6	="<"&(C6+0.05)
0.1	=">="&C7	="<"&(C7+0.05)
0.15	=">="&C8	="<"&(C8+0.05)

図 3.4 数式による下限、上限の設定

④では、グラフの位置を 0.025 だけ右方向にずらしています（図 3.5）。

⑤では、COUNTIFS 関数の中で、計数する範囲を指定します（図 3.5）。

G	H
④	⑤
	Y の個数
=C5+0.025	=COUNTIFS(テーブル1[Y],D5,テーブル1[Y],E5)
=C6+0.025	=COUNTIFS(テーブル1[Y],D6,テーブル1[Y],E6)
=C7+0.025	=COUNTIFS(テーブル1[Y],D7,テーブル1[Y],E7)

図 3.5 計数結果をもとにグラフ描画の準備

なお、COUNTIFS 関数の範囲指定時にセル範囲 A5:A10004 を入れると、このセル範囲が事前にテーブル設定がされているので、A5:A10004 は自動的に「テーブル1[Y]」という名前が割りあてられます。

7. 求めた X 軸と計数結果で、グラフを作成します（図 3.6）。「F9」キーを押すと一様乱数が再計算されるので、グラフの形が変化します（**一様乱数のグラフ.xlsx**）。

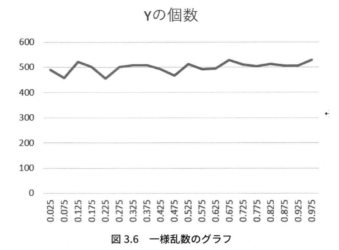

図 3.6 一様乱数のグラフ

8. 次に、表示する値の関数表現を =(RAND()+RAND()+RAND()+RAND()+RAND()+RAND())/6 にして、グラフの形を確認してください（**図 3.7**）。これは 4.4.3 項で説明する中心極限定理により、一様乱数の平均が正規分布になるという面白い現象を示しています。

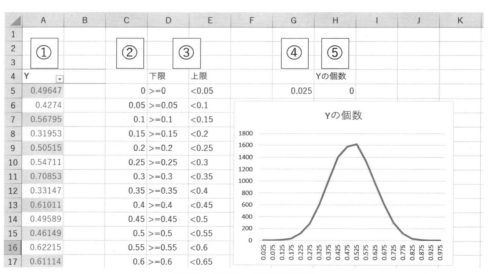

図 3.7　6 個の一様乱数の平均

以上で、一様乱数を生成する演習シートの作成は終わりです。

このシートは、今後の演習で使用します。配布はしないため、作成した演習シートを**演習シート原本.xlsx** として保存して、各演習で修正して使用してください。

3.3 二項分布を体験する

本節では、基本的な確率分布のグラフ（確率密度関数）について学びます。

最初は、コインを何回も投げたときに、表（または裏）の出る回数の分布が例としてあげられる二項分布です。二項分布は、あとで述べるポアソン分布や正規分布の基礎となる重要な分布ですから、しっかり学習しましょう。

3.3.1 二項分布とは

コインの裏表を当てるように、確率 P で偶然に生じる試行を n 回繰り返したとき、試行の結果として得られる事象が x 回観察される確率 $f(x)$ を、**二項分布**と呼びます。その二項分布について考えてみましょう。

最初に、財布の中からコインを取り出して投げてください。そして、4回コイントスしたうち、表が何回出るか勘定しましょう。

すべて表、あるいは裏の場合もあるでしょうし、表が1回、2回、3回出る場合もあるでしょう。4回投げるのを1セットとして、何回もセットを繰り返せば、理論的には表の出る回数を得ることができます。しかし、何回もコイントスを繰り返すことは大変です。

そこで、Excel を使ってコイントスのシミュレーションをしてみましょう。

3.3.2 演習シートで二項分布を体験する

1. 以前作成した演習シートを参考に、図 3.8 のようなテーブルを用意します。各列は 10000 行用意し、列 A から列 D にかけて、=RANDBETWEEN(0,1) で「0」か「1」がランダムに表示されるようにします（**コイントス.xlsx**）。

図 3.8　一様乱数を設定する

2. 今回は、「0」が裏、「1」が表と考えます。すると、図 3.9 のように、列 A から列 D の合計を SUM 関数で求めることで「表の出た数」が得られます。

ABS　=sum(テーブル2[@[１回目]:[４回目]])

	A	B	C	D	E	F	G
1	1回目	2回目	3回目	4回目	表の出た数		
2	1	1	0	0	=sum(テーブル2[@[1回目]:[4回目]])		
3	0	1	1	1			
4	1	0	1	1			
9997	1	1	1	0			
9998	0	1	0	0			
9999	0	0	0	0			
10000	0	0	1	1			
10001	0	1	0	0			

図 3.9　列 E で表の出た数を数える

3. 続いて、10000 件あるシミュレーションデータのうち、同一の結果となった「件数」と、それが起こった「確率」を、**図 3.10** のように求めます。まず、列 E の「表の出た数」について、列 H に COUNTIF 関数を入れて件数を求めます。「表の出た数」で設定された範囲に対して、="0"、="1" といった文字列を、列 G の値と & 演算子で作成して列 H に設定します。

	E	F	G	H	I
1	表の出た数				
2	2			件数	割合
3	1		0	649	0.0649
4	0		1	2489	0.2489
5	2		2	3703	0.3703
6	1		3	2487	0.2487
7	2		4	672	0.0672

図 3.10　0 ～ 4 の集計結果

4. 列 I の「割合」で、計数結果を 10000 で割れば、列方向に対する各数字の出る比率が求まります。列 H と列 I の数式は、**図 3.11** を参照してください。

G	H	I
	件数	割合
0	=COUNTIF(テーブル1[表の出た数],"="&G3)	=H3/10000
1	=COUNTIF(テーブル1[表の出た数],"="&G4)	=H4/10000
2	=COUNTIF(テーブル1[表の出た数],"="&G5)	=H5/10000
3	=COUNTIF(テーブル1[表の出た数],"="&G6)	=H6/10000
4	=COUNTIF(テーブル1[表の出た数],"="&G7)	=H7/10000

図 3.11　数式表現

5. 図 3.10 で示した結果から、表が 2 回出るケースが最も多く、約 37% になることが分かります。しかし、理論的な分布がどうなるかは、この結果からいいきることはできません。おそらく、表が 1 回出る割合と表が 3 回出る（＝裏が 1 回出る）割合は同じであると予想できますが、この例では両者の値は異なっていま

す。そこで理論的なアプローチをしてみましょう。

6. コインを4回投げたときに、表が出るケースを「1」、裏が出るケースを「0」で表現し、16通りあるすべての組み合わせを新しいシートに書き出します。そこから表の出る組み合わせを数え上げると、図3.12のようになります。

	A	B	C	D	E	F	G	H	I	J
1										
2		1回目	2回目	3回目	4回目	表の出た数			件数	全体に対する割合
3		0	0	0	0	0		0	1	0.0625
4		0	0	0	1	1		1	4	0.25
5		0	0	1	0	1		2	6	0.375
6		0	0	1	1	2		3	4	0.25
7		0	1	0	0	1		4	1	0.0625
8		0	1	0	1	2				
9		0	1	1	0	2				
10		0	1	1	1	3				
11		1	0	0	0	1				
12		1	0	0	1	2				
13		1	0	1	0	2				
14		1	0	1	1	3				
15		1	1	0	0	2				
16		1	1	0	1	3				
17		1	1	1	0	3				
18		1	1	1	1	4				
19										

図3.12 コインの表が出た場合

表の右側に示した「全体に対する割合」の分布を見ると、先ほど行ったシミュレーションの結果は、この値とほぼ一致していることが分かります。「表の出た数」の件数をグラフに示すと、図3.13のように、中央が高く左右が低い分布になります。

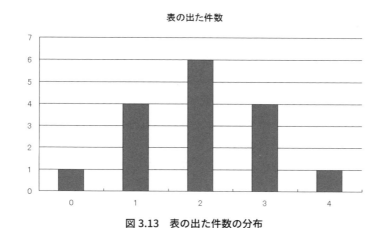

図3.13 表の出た件数の分布

ここで、先ほどの図 3.12 から「n 回コインを投げて x 回表が出る確率 $f(x)$」を正しく求めると、次のような表現になります。

$f(x)=$「n 回コインを投げて x 回表が出る組み合わせの数」×「表が出る確率の x 乗」×「裏の出る確率の $(n-x)$ 乗」

3.3.3 数式で理解する（二項分布）

表が出る確率を p として、裏の出る確率を $(1-p)$ とすると、次の数式になります。

$$f(x) = {}_nC_x p^x (1-p)^{n-x}$$

このように、「確率 p で生じる事象を n 回観察した場合に、事象が x 回発生する確率の分布」が二項分布です。見方を変えると、確率 p で生じる事象を n 個集めた場合に事象が x 回発生する確率とも解釈できます。n 枚のコインを使ったとき確率 p で生じる事象を観察することを、「標本の大きさ n」「事象の出現確率 $p=1/2$ の 2 項分布」とも表現します。

もし $p=1/2$ とすると、コインを投げたときの裏表が出る数の分布になります。また、$p=1/6$ とすると、サイコロを投げたときに特定の値が、たとえば 1 の目が出る数の分布となります。

前述の式でコインの表が出る確率 p を $1/2$ とすると、$(1-p)$ も $1/2$ となり、式は次のように単純化されます。

$$f(x) = {}_nC_x \left(\frac{1}{2}\right)^x \left(1-\frac{1}{2}\right)^{n-x} = {}_nC_x \left(\frac{1}{2}\right)^n$$

$n=4$ の場合の $f(x)$ の値を計算すると、確かに図 3.12 の右側に示した確率の値と一致します。

統計の勉強を進めていくときに、平均と分散を求めることはとても重要です。今、このような分布の式が求まったのですから、n 回の観察値の平均 $E(x)$ と分散 $V(x)$ がどうなるかを考えてみましょう。

以前、集計表から平均を求めたとき（1.5 節）に使った、次の式を思い出してください。

$$E(x) = \sum_{i=1}^{n} x_i P(x_i)$$

試行が失敗したときを 0、成功したときを 1 と考えます。さらに、それらの生じる確

率を、それぞれ $(1-p)$ と p とします。すると、上記の式は

$$E(x_i) = 0 \times (1-p) + 1 \times p = p$$

となります。また、先ほどの式には $\sum$ がついています。つまり、二項分布ではこれを n 回繰り返して行うので

$$E(x) = np$$

となります。

分散 $V(x)$ を求める式（1.5.3 項）においても同様に考えます。

$$V(x) = \sum_{i=1}^{n}(x_i - E(x))^2 P(x_i)$$

から

$$V(x_i) = (0-p)^2 \times (1-p) + (1-p)^2 \times p = p(1-p)$$

が導き出せます。

$V(x)$ の式にも、やはり $\sum$ 記号がついています。つまり n 回繰り返すので、二項分布の分散は

$$V(x) = np(1-p)$$

で表現されます。

ここに示した 2 つの式 $E(x), V(x)$ は、二項分布の平均と分散ですから、二項分布において各事象が生起する確率のばらつきを検討するための大事な手がかりになります。

3.3.4 演習シートで二項分布を体験する

3.2.1 項で作成した**演習シート原本.xlsx** で用いた手法を参考に、新しく二項分布を示すシートを作ります。ここではコイントスと同じように、確率 0.5 で発生する事象を 20 件（$n=20$）観察する場合を取り上げています。

1. 列 G から列 Z にかけて、D01 から D20 を変数名として、10000 行分に「テーブルとして書式設定」をします。
2. 確率 p の値をセル H2 に、件数 n の値をセル H3 に設定します。
3. 前もって指定した確率で 1 が生じる乱数 =IF(RAND()<$H$2,1,0) をセル範囲 G6:Z6 に貼り付けます。これで 10000 行分の 0 か 1 の乱数が設定されました。

ここで、=IF(RAND()<$H$2,1,0) について詳しく説明しましょう。

IF は IF 関数と呼ばれ、IF(論理式, 真の場合, 偽の場合) という表現をします。今回シートに貼り付けたものは、「セル $H$2 の値（たとえば 0.5）より小さかったら 1 とし、それ以上であれば 0 とする」という意味です。セル $H$2 を事象が成功する確率とみなし、その値未満なら 1、それ以上であれば 0 となる乱数を生成するわけです。

4. 列 F にセル H3 で指定された列数に 1 を持つ件数を SUM 関数で求めます。
5. セル F6 では、=SUM(G6:OFFSET(G6,0,$H$3-1)) として合計を求めます。

OFFSET 関数

OFFSET(参照, 行数, 列数, [高さ], [幅])

セルまたはセル範囲から指定された行数と列数だけシフトした位置にあるセル範囲の参照を返します。返されるセル参照は、単一のセル、セル範囲のいずれかの参照です。また、返されるセル参照の行数と列数を指定することもできます。

参照　必ず指定します。オフセットの基準となる参照を指定します。参照は、セルまたは隣接するセル範囲を参照する必要があり、それ以外の場合は、エラー値 #VALUE! が返されます。

行数　必ず指定します。基準の左上隅のセルを上方向または下方向へシフトする距離を行数単位で指定します。行数に 5 を指定すると、オフセット参照の左上隅のセルは、基準の左上隅のセルから 5 行下方向へシフトします。行数に正の数を指定すると開始位置の下方向へシフトし、負の数を指定すると開始位置の上方向へシフトします。

列数　必ず指定します。結果の左上隅のセルを左方向または右方向へシフトする距離を列数単位で指定します。列数に 5 を指定すると、オフセット参照の左上隅のセルは、基準の左上隅のセルから 5 列右方向へシフトします。列数に正の数を指定すると開始位置から右方向へシフトし、負の数を指定すると開始位置から左方向へシフトします。

高さ　省略可能です。オフセット参照の行数を指定します。高さは正の数である必要があります。

太さ　省略可能です。オフセット参照の列数を指定します。幅は正の数である必要があります。

手順どおりに実行すると、**図 3.14** のようなシートができあがります。それぞれのセルや列、範囲の役割を、**表 3.1** でかんたんに説明します。

表 3.1　セル・セル範囲・列の役割（二項分布演習シート）

H2	確率 p を設定する。
H3	件数 n を設定する。
G6:Z10005	=IF(RAND()<$H$2,1,0) を各セルに設定する。
列 F	試行が成功した回数を =SUM(G6:OFFSET(G6,0,$H$3-1)) のような式で求める。
L2	理論的な平均値 $E(x)$ を n*p で求める。
L3	理論的な分散 $V(x)$ を n*p*(1-p) で求める。
Q2	実際の平均を =AVERAGE(E6:E10005) で求める。
Q3	実際の分散を =VAR.S(E6:E10005) で求める。
C6:C26	記録した事象を集計し件数合計 10000 で割って、度数分布の割合（確率）を求める。
D6:D26	理論的な分布を二項分布を =BINOMDIST(B6,$H$3,$H$2,0) で求め、セル D6 に設定し、セル範囲 D6:D26 に貼り付ける。

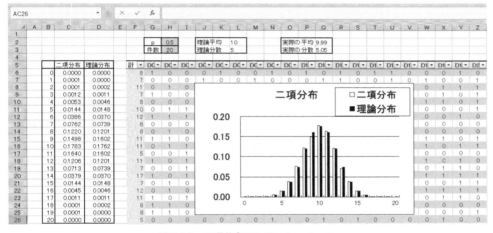

図 3.14　二項分布のシミュレーション

列 F、セル範囲 C6:C26、D6:D26 について補足します。

列 F の OFFSET 関数は、基準とするセルから、何行、何列先のセルを参照するかを示すものです。この場合は、セル G6 から 0 行下でセル $H$3 の値だけ移動、つまりセル G6 から $H$3-1 件数分ずれたセルまでを参照するようになっています。

セル範囲 C6:C26 は、**図 3.15** に示すようになっています。COUNTIF 関数と、列 B の値から & 演算子で作成する =0、=1、=2 といった文字列を用いて集計します。

第3章 分布を考える

	A	B	C	D
4				
5			二項分布	理論分布
6		0	=COUNTIF($F$6:$F$10005,"="&B6)/10000	=BINOM.DIST(B6,$H$3,$H$2,0)
7		1	=COUNTIF($F$6:$F$10005,"="&B7)/10000	=BINOM.DIST(B7,$H$3,$H$2,0)
8		2	=COUNTIF($F$6:$F$10005,"="&B8)/10000	=BINOM.DIST(B8,$H$3,$H$2,0)
9		3	=COUNTIF($F$6:$F$10005,"="&B9)/10000	=BINOM.DIST(B9,$H$3,$H$2,0)
10		4	=COUNTIF($F$6:$F$10005,"="&B10)/10000	=BINOM.DIST(B10,$H$3,$H$2,0)
11		5	=COUNTIF($F$6:$F$10005,"="&B11)/10000	=BINOM.DIST(B11,$H$3,$H$2,0)
12		6	=COUNTIF($F$6:$F$10005,"="&B12)/10000	=BINOM.DIST(B12,$H$3,$H$2,0)
13		7	=COUNTIF($F$6:$F$10005,"="&B13)/10000	=BINOM.DIST(B13,$H$3,$H$2,0)
14		8	=COUNTIF($F$6:$F$10005,"="&B14)/10000	=BINOM.DIST(B14,$H$3,$H$2,0)
15		9	=COUNTIF($F$6:$F$10005,"="&B15)/10000	=BINOM.DIST(B15,$H$3,$H$2,0)
16		10	=COUNTIF($F$6:$F$10005,"="&B16)/10000	=BINOM.DIST(B16,$H$3,$H$2,0)
17		11	=COUNTIF($F$6:$F$10005,"="&B17)/10000	=BINOM.DIST(B17,$H$3,$H$2,0)
18		12	=COUNTIF($F$6:$F$10005,"="&B18)/10000	=BINOM.DIST(B18,$H$3,$H$2,0)
19		13	=COUNTIF($F$6:$F$10005,"="&B19)/10000	=BINOM.DIST(B19,$H$3,$H$2,0)
20		14	=COUNTIF($F$6:$F$10005,"="&B20)/10000	=BINOM.DIST(B20,$H$3,$H$2,0)
21		15	=COUNTIF($F$6:$F$10005,"="&B21)/10000	=BINOM.DIST(B21,$H$3,$H$2,0)
22		16	=COUNTIF($F$6:$F$10005,"="&B22)/10000	=BINOM.DIST(B22,$H$3,$H$2,0)
23		17	=COUNTIF($F$6:$F$10005,"="&B23)/10000	=BINOM.DIST(B23,$H$3,$H$2,0)
24		18	=COUNTIF($F$6:$F$10005,"="&B24)/10000	=BINOM.DIST(B24,$H$3,$H$2,0)
25		19	=COUNTIF($F$6:$F$10005,"="&B25)/10000	=BINOM.DIST(B25,$H$3,$H$2,0)
26		20	=COUNTIF($F$6:$F$10005,"="&B26)/10000	=BINOM.DIST(B26,$H$3,$H$2,0)

図 3.15　数式表現

セル範囲 D6:D26 は、表 3.1 に記載したように、理論的な分布を二項分布の関数で求めます。列 D では =BINOM.DIST(B6,$H$3,$H$2,0) といった形で値を求めています（**二項分布.xlsx**）。

BINOM.DIST 関数

BINOM.DIST(成功数,試行回数,成功率,関数形式)

単一項の二項分布確率を返します。BINOM.DIST 関数は、テストや試行の回数が固定されている問題で、どの試行の結果も成功または失敗のみで表される場合、各試行が独立している場合、および試行全体を通して成功の確率が一定である場合に使用します。たとえば、二男一女が生まれてくる確率などを BINOM.DIST 関数で計算できます。

成功数　　必ず指定します。試行における成功数を指定します。

試行回数　必ず指定します。独立試行の回数を指定します。

成功率　　必ず指定します。各試行が成功する確率を指定します。

関数形式　必ず指定します。計算に使用する関数の形式を論理値で指定します。関数形式に TRUE を指定した場合、BINOM.DIST 関数の戻り値は累積分布関数となり、0 〜成功数回の範囲で成功が得られる確率が計算されます。FALSE の場合は、確率質量関数となり、成功数回の成功が得られる確率が計算されます。

生成された列 F のデータを対象に計算すると、平均は $E(x) = np$、分散は $V(x) = np(1-p)$ になることが確認できます。

もし、ランダムに生成される数値を超能力でコントロールできるならば、「列 B に出る数は 1……1……絶対に 1」と念じれば、成功の数は試行回数の半分より大きくなるはずです。あなたが、強く念じて「F9」キーを押して乱数の生成を繰り返したときに、理論的平均値と実際の平均値はどうなるか試してください。あなたが超能力者でないならば、まず理論的な値と実際の平均値は近い値になるはずです。

一時的に偶然、理論的な平均からかけ離れた値が出るかもしれませんが、やがて平均に近くなるはずです。実際に試してこの点を確認してください。

☑ 試行数が多くなると理想値に近づく

演習シートを用いると、試行の数が少ない際には理論分布からかけ離れた形のグラフも、試行が多くなると次第に理論値に近づくことが分かったでしょう。統計は、「数多く繰り返すことで、変数がある分布に従うのを利用して、いろいろな解析をする学問」と考えてください。

乱数とは　　COLUMN

今まで、RAND( ) なる関数を用いてきましたが、これについて少し詳しく説明しましょう。

乱数とは「ばらばらの値」で、統計の世界ではとても大事なものです。多数の標本からなる母集団から一様にデータをピックアップして標本を作るためには、何番目のデータをとるか決めるときに乱数が必要になります。また、乱数を基本として、いろいろな分布に従うデータを作ることができます。

本当の乱数はすべて出現頻度が等しいのですが、コンピュータでは内部でプログラムにより乱数を作っています。そのため、厳密には周期性があったり、出現頻度が等しくなかったりと、乱数といえない場合もあります。とはいえ、ほぼ乱数とみなせると考えて、「擬似乱数」と呼ばれています。

Excel の RAND 関数は、0 以上で 1 より小さい乱数を発生します。ワークシートになにか入力がある、あるいは再計算されるたびに、新しい乱数が返されます。本書では、RAND 関数を乱数とみなし、これから二項分布や正規分布に従うデータを作っています。

3.4 ポアソン分布を体験する

コイントスの例では、事象の生起する確率 p に「0.5」、件数 n に「20」を用いました。本節では、確率 p が「0.01」のように、非常に小さくなった場合を考えてみましょう。

たとえば、$p = 0.01$ で事象の件数 n が 20 件の場合はどうでしょうか。先に用いた演習シートで繰り返す回数をいくら増加させても、分布は左右対称にならず、片方に裾が延びた形になります。これは**ポアソン分布**と呼ばれ、めったに生じない事象を説明するときに用いられます。

3.4.1 数式で理解する（ポアソン分布）

ポアソン分布は、理論的にどのような分布になるかを考えましょう。

ポアソン分布はその平均値のみで分布の形が決まる面白い性質を持っています。二項分布で平均を求めるのに $E(x) = np$ としたことを参考に、ポアソン分布の平均値を λ で表現し、$\lambda = np$ とおきます。

$_n\mathrm{C}_x$ の組み合わせの表現を、定義に従って書き換えて $n!$ と $x!$ と $(n-x)!$ で表現します。それと同時に、$\lambda = np$ から $p = \lambda/n$ と表現し、二項分布の定義式を変形していきます。

$$
\begin{aligned}
f(x) &= {}_n\mathrm{C}_x p^x (1-p)^{n-x} \\
&= \frac{n!}{x!(n-x)!} \left(\frac{\lambda}{n}\right)^x \left(1-\frac{\lambda}{n}\right)^{n-x} \\
&= \frac{(n-x+1)!}{x!} \frac{\lambda^x}{n^x} \frac{\left(1-\frac{\lambda}{n}\right)^n}{\left(1-\frac{\lambda}{n}\right)^x} \\
&= \frac{(n-x+1)!}{n^x} \frac{\lambda^x}{x!} \frac{\left(1-\frac{\lambda}{n}\right)^n}{\left(1-\frac{\lambda}{n}\right)^x}
\end{aligned}
\tag{1}
$$

この式 (1) の各部分について考えると、最初の $\dfrac{(n-x+1)!}{n^x}$ の部分は

$$\frac{(n-x+1)!}{n^x} = \frac{n}{n} \times \frac{n-1}{n} \times \frac{n-2}{n} \times \frac{n-3}{n} \cdots \frac{n-x+1}{n}$$
$$= 1 \times \left(1-\frac{1}{n}\right) \times \left(1-\frac{2}{n}\right) \times \left(1-\frac{3}{n}\right) \cdots \left(1-\frac{x-1}{n}\right)$$

と展開されます。n が ∞ に近づけば、カッコの中の分数部分は 0 になるため、全体が 1 に近づくことは明らかです。

また、分母にある $\left(1-\frac{\lambda}{n}\right)^x$ は n が大きくなると $\left(1-\frac{\lambda}{n}\right)^x = 1$ に近づくことも明らかです。

分子の $\left(1-\frac{\lambda}{n}\right)^n$ の部分は、$e^{-\lambda}$ (e は自然対数の底と呼ばれ約 2.718) に近づくことが知られています。これらをもとに、式全体を整理すると

$$f(x) = 1 \frac{\lambda^x}{x!} \frac{\left(1-\frac{\lambda}{n}\right)^n}{1} = \frac{\lambda^x}{x!} e^{-\lambda}$$

となります。

これがポアソン分布の確率密度関数です。つまり平均値 λ のみで $f(x)$ の形が決まり、平均 $E(x) = \lambda$、分散 $V(x) = \lambda$ となります。

$\left(1-\frac{\lambda}{n}\right)^n$ が定義のように e で表現されるかどうかについて興味のある方は、Web で**「マクローリン展開」「自然対数」**のキーワードを検索し、e について調べてください。

ポアソン分布は、めったに生じない重大な交通事故や、不良品の発生率などの確率を検討するときに用いられます。また、実力が伯仲するスポーツの試合、たとえばサッカーのワールドカップ決勝戦の得点差なども、このポアソン分布に従うと考えられます。

3.4.2 演習シートでポアソン分布を体験する

二項分布の演習シートを参考に、ポアソン分布シミュレーション用の演習シートを作成します（図 3.16）。

1. 確率 p の値をセル H2 に、件数 n の値をセル H3 に設定します。
2. 二項分布では 20 行用意した乱数の生成部分を、列 G から 100 列用意します。ただし、多くのデータを扱うことで PC の処理速度が極端に遅くなるようであれば、100 列ではなく適宜少ない列数にしてください。
3. 平均値 $\lambda = np$ の値をセル H4 に記録します。完成したシートは**ポアソン分**

第 3 章　分布を考える

布 .xlsx とします。

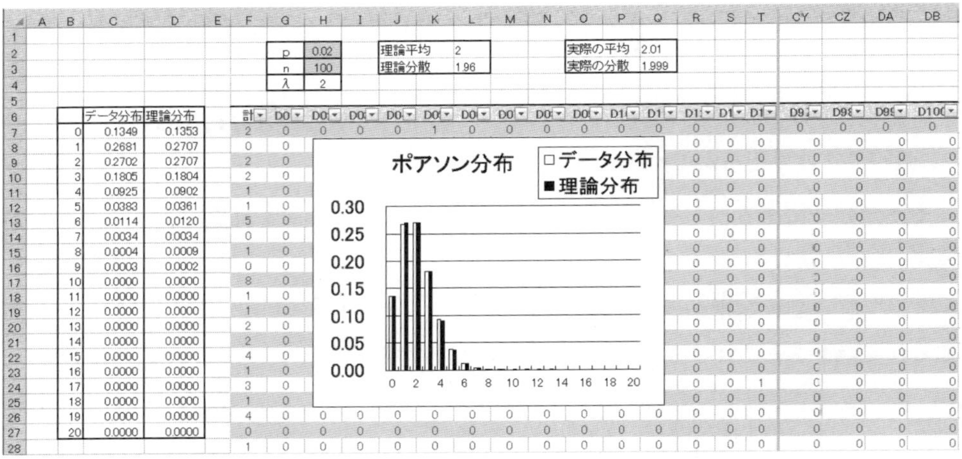

図 3.16　ポアソン分布の演習シート

各セルなどの役割を、表 3.2 にまとめます。

表 3.2　セル・セル範囲・列の役割（ポアソン分布）

セル	役割
H2	事象の発生する確率を p とする。
H3	試行の回数を n とする。
H4	平均値を $\lambda = pn$ で求める。
G7:DB7	乱数による試行を =IF(RAND()<=$H$2,1,0) で表現し、n 回分（この場合は 100 回）貼り付ける。この範囲は「テーブル」設定してあるので自動的に 10000 行の乱数が追加される。
列 F	1 となった事象の数を SUM 関数で求める。
C7:C27	二項分布のシートで行ったのと同様に COUNTIF 関数と & 演算子で生成した =0、=1、=2 といった文字列で集計を行う。
D7:D27	=$H$4^B7*EXP(1)^(-$H$4)/FACT(B7) でポアソン分布の理論値 20 個分を貼り付ける。

n を 100、p の値を大きくしていくと、ピークの位置が次第に全体の分布の中央に移動して、二項分布の形に近づくのが分かります。また、実際に作成した列 D のポアソン分布に従う変数から、平均と分散を求めると、$\lambda = np$ の関係が成り立っているのが分かります。

3.4.3　【例題】ポアソン分布─交通事故死亡者数の発生頻度

先に述べたとおり、ポアソン分布は、重大な交通事故や不良品の発生など、めったに生じないことの確率を説明するときに用いられます。そこで、実際の 1 日の交通事故死亡者の度数分布が、ポアソン分布に従うか否か調べてみましょう（**交通事故による死亡**

人数の集計.xlsx）。

以前、とある県で公開されていた交通死亡事故発生カレンダーをもとに、死亡人数の分布が本当にポアソン分布に従うかを確かめてみましょう。

図 3.17 の左側の表は、死亡者数を集計し直した結果です。1 月の場合、死亡人数が 1 人のみだったのは 10 日、2 人だったのは 2 日、3 人だったのは 1 日であることが分かります。

全体の集計結果は、セル範囲 B16:D16 に示したように、1 日の死亡人数が 1 人だった日数が 97、2 人だった日数が 45、3 人だった日数が 6 となりました。1 年を 365 日とすると、死亡者数が 0 の日は、$365-(97+45+6)=217$ 日となります。死亡者数の合計は $97\times1+45\times2+6\times3=205$ 人となりますので、1 日あたりの平均死亡者数（これが λ にあたります）は、$205/365 \fallingdotseq 0.562$ 人となります。

ポアソン分布の式は $f(x)=\dfrac{\lambda^x}{x!}e^{-\lambda}$ ですので、$x=0,\ 1,\ 2,\ 3$、$\lambda=0.562$ として $f(x)$ の値を求めます。$x=0,\ 1,\ 2,\ 3$ に対する理論分布 $f(0),\ f(1),\ f(2),\ f(3)$ の値がセル範囲 G9:J9 に記述されています。これに 365 日を掛けると、1 年間の理論度数、つまり理論的な死亡者数がセル範囲 G10:J10 に求められます。その結果、セル範囲 G3:J3 に書かれていた実際の死亡者数と理論的な死亡者数（理論度数）が近い値になり、交通事故死亡者数がポアソン分布に従うらしいと判断できます。

	A	B	C	D	E	F	G	H	I	J	K	L
1												
2	月	死亡人数				人数	0	1	2	3		
3		1	2	3		日数	217	97	45	6		
4	1	10	2	1								
5	2	10	4	1		死亡者数	205					
6	3	8	5	0		λ（平均）	0.562	←名前「λ」			ほぼ一致	
7	4	7	3	2								
8	5	9	4	0								
9	6	3	3	0		理論分布	0.57	0.32	0.09	0.017		
10	7	8	5	0		理論度数	208.1	116.9	32.83	6.146		
11	8	7	4	0								
12	9	7	3	1								
13	10	5	3	0								
14	11	10	6	1								
15	12	13	3	0								
16		97	45	6								
17												

図 3.17　交通事故による死亡人数の集計

各セルなどの役割を、**表 3.3** にまとめます。

表 3.3 セル・セル範囲の役割（図 3.17）

セル	役割
G6	セルに「λ」という名前を定義する。
G9:J9	=λ^G2*EXP(1)^(-λ)/FACT(G2) なる式をセル G9 に設定し、セル J9 までその式をコピーする。自然対数 e は EXP(1) で求める。
G10:J10	理論分布に日数の 365 日を乗じて理論度数を求める。

☑ 身のまわりで分布に従う事象を探す

二項分布事象で事象が生起する確率が少なくなった特殊な例、めったに生じない事象であるポアソン分布の学習をしました。実力が伯仲するスポーツ試合の点数差などはポアソン分布に従う可能性があります。セットを争うバレーや卓球ではどのようになっているかを、調べてみるのも面白いでしょう。

3.5 正規分布を体験する

二項分布の演習シートでは 1 セットで 20 回コイントスをするという条件で、コインの表が出る回数を観察しました。では、コイントスの回数を多くしたらどのようになるでしょうか。二項分布でのコイントスの回数（正式には二項分布の標本の数）を多くすると、次第に、中心の平均値近くが大きく裾が広い分布になります。この分布は**正規分布**と呼ばれ、NORM.S.INV(RAND()) で生成できます。

正規分布は日常生活にも数多く見られます。たとえば、クラスや職場の方の身長や体重を見ると、平均的な値が多く、極端に大きかったり小さかったりする人は少ないはずです。また、学校でのテストの点数も、平均点が多く、とてもよい点数の人やとても悪い点数の人が少ないのが一般的です。これらの分布は正規分布と考えられます。

正規分布は多くの統計理論の基本となるもので、分布の王様といってもよいでしょう。ここでは NORM.S.INV(RAND()) の関数を使わず、二項分布から正規分布を導くことで、両者の関係を体験します。

3.5.1 演習シートで正規分布を体験する

100 個のデータを設定したポアソン分布のシートを参考に、演習シートを作ります（**正規分布.xlsx**、図 3.18、表 3.4）。なお、100 列 10000 行の乱数データはそのまま使用します。

1. 確率 p をセル H2、件数 n をセル H3 に入力します。
2. 列 D に、正規分布の理論値を NORM.S.DIST 関数で求めます。このシートは

$p \times n = 10$、つまり横軸の値が20程度までを想定しています。pの値を大きくしたいときは、セル範囲 B7:D27 に設定している範囲を適宜拡大してください。

NORM.S.DIST 関数

NORM.S.DIST(z,関数形式)

標準正規分布の累積分布関数の値を返します。この分布は、平均が0（ゼロ）で標準偏差が1である正規分布に対応します。標準正規分布表の代わりにこの関数を使用することができます。

---

z　　　　　必ず指定します。関数に代入する値を指定します。

関数形式　　必ず指定します。関数の形式を論理値で指定します。関数形式がTRUEの場合は、累積分布関数の値を返します。FALSEの場合は、確率質量関数の値を返します。

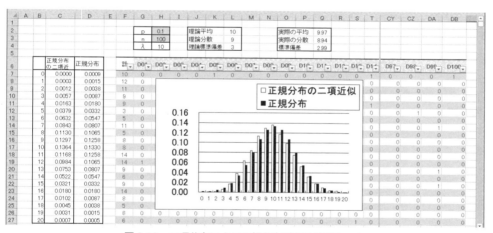

図 3.18　二項分布による正規分布近似の演習シート

表 3.4　セル・セル範囲・列の役割（正規分布演習シート）

H2	事象の生起する確率 p を設定（ここでは 0.1）。
H3	試行回数 n として 100 を設定。
列G:列DB	乱数による試行を =IF(RAND()<$H$2,1,0) で表現しセル範囲 G7:DB7 の各セルに設定する。
L2	理論的な平均値 $E(x)$ を n*p で求める。
L3	理論的な分散 $V(x)$ を n*p*(1-p) で求める。
L4	理論的な標準偏差を分散のルートで求める。
Q2	実際の平均を =AVERAGE(F7:F10006) で求める。
Q3	実際の分散を =VAR.S(F7:F10006) で求める。

	表 3.4 （つづき）
C7:C27	二項分布のシートで行ったのと同様に、COUNTIF 関数で集計をして件数合計 10000 で割って度数分布の割合、つまり確率を求める。
D7:D27	理論的な分布を正規分布の関数で =NORM.DIST(B7+0.5,$L$2,$L$4,FALSE) として求める。ここにある、$L$2 の平均、$L$4 の標準偏差、FALSE の指定で確率密度関数、つまり通常の統計分布の関数を指定している。

　図 3.18 のように、多数の二項分布を集計すると、二項分布と正規分布が近くなるのが分かります。実際に生成されたデータを対象に計算すると、この分布は二項分布でもありますから、平均は $E(x) = np$、分散は $V(x) = np(1-p)$ になっているのが確認できます。

　n と p は分布の形を決める重要な変数です。その値を変えると、分布の位置、裾の広がりが変化します。実際に n と p を変化させると分かりますが、平均 $E(x) = np$ の関係ですから、両者の積が同じ場合の理論分布は同じになります。これはピークの位置（平均値）が同じ位置になるのですぐに分かります。

　$n = 100$ のままにして、$p = 0.05, 0.1, 0.15, 0.2$ と変えるとグラフの形がどのように変化するか見てみましょう。同様に、$p = 0.1$ のままにして、$n = 10, 20, 50, 100$ とするとグラフの形がどのように変化するかも見てください。

3.5.2　数式で理解する（正規分布）

　一般の正規分布は、μ を平均、σ^2 を分散、σ を標準偏差とすると、次の式で表現できます。

$$f(x) = \frac{1}{\sigma\sqrt{2\pi}} e^{-\frac{(x-\mu)^2}{2\sigma^2}}$$

　これはこれでよいのですが、演習シートで n と p を変えて分かったように、平均と標準偏差が変わるといろいろな幅の正規分布になって扱いにくくなります。そこで、次の変換をして、平均 $\mu = 0$、標準偏差（分散）$\sigma = 1$ の標準正規分布に変換して扱います。

$$z = \frac{x - \mu}{\sigma}$$

$$f(x) = \frac{1}{\sqrt{2\pi}} e^{-\frac{z^2}{2}}$$

これは、平均が0になるように分布のグラフを平行移動し、かつ全体を標準偏差 σ で割った形にしています。横軸の単位は z となり、この z は**標準得点**ともいいます。つまりどのような分布も、その分布の幅を、標準偏差を1単位とした形に変えています。このような変換を**標準化**と呼びます。

3.5.3　演習シートで標準正規分布を体験する

すでに理論的な平均と分散を演習シートで求めているので、標準化した値を求める処理を追加し、標準正規分布を作成してみましょう。3.5.1 項で作成した、正規分布の演習シートを利用して、**図 3.19**、**表 3.5** のようなシートにします（**標準正規分布.xlsx**）。

1. いくつかの列を追加します。まず、「計」が列になるように列Fから列Kを挿入します。
2. 「計」の右隣に1列挿入して、「正規化」とラベルを付けます。
3. 列Mは、列Lの値を平均（セルX2）と標準偏差（セルX4）によって正規化しています。

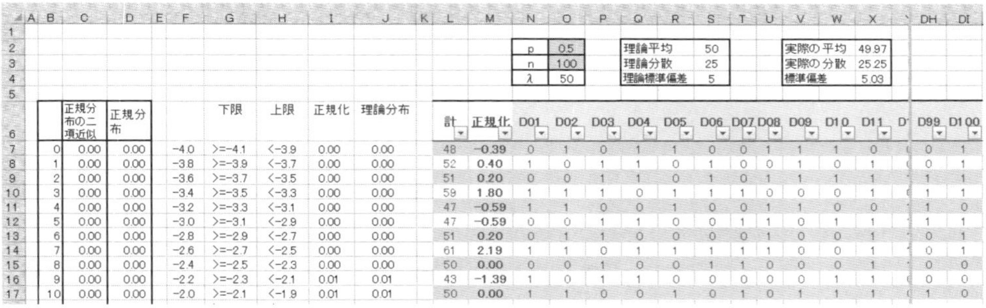

p	0.5
n	100
λ	50

理論平均	50
理論分散	25
理論標準偏差	5

実際の平均	49.97
実際の分散	25.25
標準偏差	5.03

	正規分布の二項近似	正規分布		下限	上限	正規化	理論分布	計	正規化	D01	D02	D03	D04	D05	D06	D07	D08	D09	D10	D11	D99	D100
0	0.00	0.00	-4.0	>=-4.1	<-3.9	0.00	0.00	48	-0.39	0	1	0	1	1	0	0	1	1	1	0	0	1
1	0.00	0.00	-3.8	>=-3.9	<-3.7	0.00	0.00	52	0.40	1	0	1	1	0	1	0	0	1	0	1	0	1
2	0.00	0.00	-3.6	>=-3.7	<-3.5	0.00	0.00	51	0.20	0	0	1	1	0	1	0	1	1	1	1	1	1
3	0.00	0.00	-3.4	>=-3.5	<-3.3	0.00	0.00	59	1.80	1	1	1	0	1	1	1	0	0	0	1	1	1
4	0.00	0.00	-3.2	>=-3.3	<-3.1	0.00	0.00	47	-0.59	1	1	0	0	1	0	0	1	1	0	0	1	0
5	0.00	0.00	-3.0	>=-3.1	<-2.9	0.00	0.00	47	-0.59	0	0	1	1	0	0	1	1	0	1	1	1	1
6	0.00	0.00	-2.8	>=-2.9	<-2.7	0.00	0.00	51	0.20	0	1	1	0	0	0	0	1	0	0	1	0	1
7	0.00	0.00	-2.6	>=-2.7	<-2.5	0.00	0.00	61	2.19	1	1	0	1	1	1	1	1	0	0	1	0	1
8	0.00	0.00	-2.4	>=-2.5	<-2.3	0.00	0.00	50	0.00	0	0	1	0	0	1	1	0	0	0	1	0	0
9	0.00	0.00	-2.2	>=-2.3	<-2.1	0.01	0.01	43	-1.39	1	0	1	1	0	0	0	0	0	1	1	0	0
10	0.00	0.00	-2.0	>=-2.1	<-1.9	0.01	0.01	50	0.00	1	1	0	0	1	0	1	0	1	1	1	1	0

図 3.19　標準正規分布の演習シート（その1）

表 3.5　セル・セル範囲・列の役割（標準正規分布）

列M	追加した列Mには、列Lの値から平均を引いて標準偏差（分散の平方根）で割る数式を貼り付ける。
列I	COUNTIFS関数で列Mの値を、下限と上限の間にあるものを求める（**図 3.20**）。COUNTIFS関数でセル範囲 M7:M10006 をドラッグしたあと、下限と上限の文字列を指定し、その値を全体の10000件で割って％とする。セル I7 でその式をコピーしたあと、下方向に貼り付ける。
列G	COUNTIFS関数で用いる下限の値。">="&(列Fの値 -0.1) で求める（図 3.20）。
列H	COUNTIFS関数で用いる上限の値。"<"&(列Fの値 +0.1) で求める。なお、列G、列Hとも計算誤差の関係で標記がおかしくなる可能性がある。そこでROUND関数で小数点第1位の値までを用いた。具体的には =">="&ROUND(F7-0.1),1) のような形式で処理している（図 3.20）。
列J	理論分布の値として、=NORM.S.DIST(J5,FALSE)*0.2 の式を下方向に貼り付ける。 セル J7 での例 =NORM.S.DIST(F7,FALSE)*0.2

	F	G	H	I
1				
2				
3				
4				
5				
6		下限	上限	正規化
7	-4	=">="&ROUND((F7-0.1),1)	="<"&ROUND((F7+0.1),1)	=COUNTIFS(テーブル1[正規化],G7,テーブル1[正規化],H7)/10000
8	-3.8	=">="&ROUND((F8-0.1),1)	="<"&ROUND((F8+0.1),1)	=COUNTIFS(テーブル1[正規化],G8,テーブル1[正規化],H8)/10000
9	-3.6	=">="&ROUND((F9-0.1),1)	="<"&ROUND((F9+0.1),1)	=COUNTIFS(テーブル1[正規化],G9,テーブル1[正規化],H9)/10000
10	-3.4	=">="&ROUND((F10-0.1),1)	="<"&ROUND((F10+0.1),1)	=COUNTIFS(テーブル1[正規化],G10,テーブル1[正規化],H10)/10000
11	-3.2	=">="&ROUND((F11-0.1),1)	="<"&ROUND((F11+0.1),1)	=COUNTIFS(テーブル1[正規化],G11,テーブル1[正規化],H11)/10000
12	-3	=">="&ROUND((F12-0.1),1)	="<"&ROUND((F12+0.1),1)	=COUNTIFS(テーブル1[正規化],G12,テーブル1[正規化],H12)/10000

図 3.20　数式表現

4. そのあと、求めた値をグラフにしますが、X 軸、正規化、理論分布の 3 つが離れているとグラフを描く操作がしにくいので、列 F の X 軸の値を正規化した左隣に移動します（**図 3.21**）。

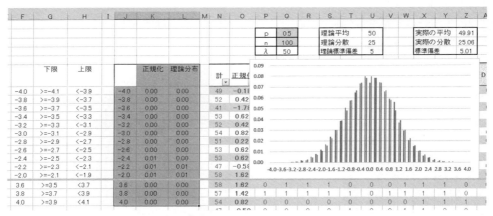

図 3.21　標準正規分布の演習シート（その 2）

p と n を変化させて、グラフの変化を観察してください。前回の普通の正規分布では、いろいろな幅、中心値の正規分布になりましたが、今回は 0 を中心としてほぼ ±3 に収まる形になるのが分かります。なお、$n = 100$ として p の値を変化すると、一定の範囲で集計する関係で、棒グラフが欠けたり正規化した値と理論分布の値が異なったりする場合があります。しかし、正規化した値は平均 0 の正規分布になることが分かります。

以前の学習で、いろいろな平均値、分散を持つ正規分布を体験してきました。しかし、今回行った標準化の操作により、どのような平均、分散を持つ正規分布でも、平均 0、標準偏差 1 の形になることを体験できました。

どのような正規分布も標準正規分布になるのなら、観察するデータが分布上のどの位置にあるか、あるいは観察するデータが平均からどれくらい離れた位置になるか、など

の比較がかんたんにできます。統計の解析では、生のデータの正規分布を扱うことはあまりなく、多くの場合はこの標準化を行っていろいろな処理を進めていきます。

☑ 正規分布と標準正規分布は各種検定の基礎

統計解析で一番重要な関数である、正規分布と標準正規分布について学びました。あとで述べる各種の検定は、いろいろな統計分布をもとに検討をしますが、本節で述べた考え方が基礎になっています。

3.6 カイ2乗分布を考える

アンケートでいろいろな質問をして、結果を回答者の属性に応じたクロス集計表（分割表）にまとめる、という手法はよく行われます。例として、満員電車について調査したアンケートについて考えてみましょう。

3.6.1 カイ2乗分布とは

50人ずつの男女に「満員電車に乗ったとき、どのように感じますか」と質問して、「気にしない」か「不快」かの二択で回答してもらいます。その結果が、**表3.6**の「実測値」になったとします。

表3.6 アンケートの回答の例

実測値

	気にしない	不快	合計
男性	40	10	50
女性	10	40	50
合計	50	50	100

理論値より少しずれた

	気にしない	不快	合計
男性	30	20	50
女性	20	30	50
合計	50	50	100

理論値

	気にしない	不快	合計
男性	25	25	50
女性	25	25	50
合計	50	50	100

理論値よりかなりずれた？

	気にしない	不快	合計
男性	35	15	50
女性	15	35	50
合計	50	50	100

このような表では、実測値のことを**観測度数**、理論値のことを**期待度数**ともいいます。

この場合、求めた表で理論的に求められる期待度数と観測度数が、回答者の属性によってどの程度異なるか、つまり、性別と回答は独立しているかが問題になります。

この例において、回答者である男女はそれぞれ 50 人ずつです。ですから、「気にしない」と回答した人と「不快」と回答した人の合計も、男女それぞれ 50 人ずつです。理論的な値は、左下の表（理論値）のようにそれぞれ 25 人ずつになるはずです。もし、偶然に回答がばらついて少しずれが生じたら、右上のような表（理論値より少しずれた）になるでしょう。このように偶然ずれることは頻繁にありますが、理論値よりかなりずれた右下のような結果になることは、滅多に生じないとも考えられます。

このような、クロス集計表における回答のずれの指標は、**カイ 2 乗値**という統計量で表されます。カイ 2 乗値は、**カイ 2 乗分布**という確率密度関数で表現されます。

ここでは、分布のずれがカイ 2 乗分布に従うといいましたが、カイ 2 乗分布は一見、縁もゆかりもないように見える正規分布から導かれます。本節では、今までの正規分布の話から一歩進めたカイ 2 乗分布について解説します。

なお、カイ 2 乗の「カイ」は、本来はギリシャ文字で「χ」の文字を使用します。本書では基本的に「カイ」という表記を用いますが、数式や数値では、カイ 2 乗の表記を「χ^2」とします。

3.6.2 カイ 2 乗値とは

2 試料カイ 2 乗検定法は、2 つの変数の間で関連があるか、つまり 2 つの属性の間の独立性、あるいは関連性を検討します。これは**表 3.7** のような 2×2 分割表を考えたときに、観測度数と期待度数にどの程度のばらつきが見られるかを検討する問題になります。

表 3.7　2×2 分割表の例

観測度数

問 A	問 B		計
	B1	B2	
A1	a	b	$a+b$
A2	c	d	$c+d$
計	$a+c$	$b+d$	n

$n = a+b+c+d$

期待度数

問 A	問 B		計
	B1	B2	
A1	e_1	e_2	$a+b$
A2	e_3	e_4	$c+d$
計	$a+c$	$b+d$	n

$n = a+b+c+d$

2×2 分割表の升目（以下セルと表現）の期待度数 $e_1 \sim e_4$ は、e_1 を例にすると次のような式で表現されます。これは、$a+c$ の値を比例配分しているようなものです。

$$e_1 = (a+b) \times \frac{a+c}{n}$$

各セルにおいて、通常の観測度数は期待度数に近い値をとり、かなり異なる値をとる

ケースは少ないと考えられます。したがって、観測度数と期待度数からなんらかのばらつきの指標を定義すれば、その指標をもとに観測度数と期待度数のずれが偶然生じたものか否かを検討できます。この考え方は 4.1 節で示す検定の考え方です。

最初に、ばらつきを表現するために、観測度数と期待度数の差を足すことを考えます。$e_1 \sim e_4$ を平均とみなすと、偏差を足していると解釈してもよいでしょう。

$$\text{ばらつき} 1 = (a - e_1) + (b - e_2) + (c - e_3) + (d - e_4)$$

しかし、この式ではばらつきの値が正負の値になることがあり、取り扱いが不便です。そこで、この各項を 2 乗することを考えます。

$$\text{ばらつき} 2 = (a - e_1)^2 + (b - e_2)^2 + (c - e_3)^2 + (d - e_4)^2$$

この式は、見方によっては偏差平方和をとっているとも見えます。これでだいぶ扱いが楽になってきました。しかし、各セルの期待度数によって値が大きくも小さくもなるので、各項を期待度数で割ってばらつきの指標 χ^2 値を求めます。

$$\chi^2 = \frac{(a - e_1)^2}{e_1} + \frac{(b - e_2)^2}{e_2} + \frac{{c - e_3}^2}{e_3} + \frac{(d - e_4)^2}{e_4}$$

ここで求めた χ^2 値(理論値と期待値の差の 2 乗を期待値で割ったものの総和)の分布は、χ^2 分布に漸近的に従います。

結局、正規分布で考えたように、自分の求めた χ^2 値が χ^2 分布のグラフでどの位置にあるかを知り、それ以上をとる上側確率がどの程度かを用いてずれの程度を検討します。カイ 2 乗検定は、集計表の結果をまとめるときに多く使われます。統計を学ぶ初心者の方が最初にマスターしたい手法です。

3.6.3 カイ 2 乗分布を正規分布より求める

独立性の指標である χ^2 値が、カイ 2 乗分布に従うと先に述べました。では、そのカイ 2 乗分布はどのように定義されるかを体験しましょう。

カイ 2 乗分布は、正式には「平均 0、分散 1 の標準正規分布に従っている母集団から、いくつかの標本を取り出した平方和の分布」と定義されていますが、「正規分布から取り出した値の分散」ともいえます。

標準正規分布のデータから、独立した n 個のデータ $z_1, z_2, z_3, \cdots, z_n$ を取り出し、その分散を求めます。うまい具合に標準正規分布の平均は 0 ですので、分散を求めるための各データの偏差平方和の平均は、平方和の平均となり、次の式で表現できます。

$$V(x) = E((x-E(x))^2) = \frac{z_1^2 + z_2^2 + \cdots + z_n^2}{n}$$

$$\chi^2 = z_1^2 + z_2^2 + \cdots + z_n^2$$

この平方和の分子に相当する変数 χ^2 の分布をカイ 2 乗分布と呼びます。カイ 2 乗分布はアンケートの集計表の回答の分布、つまり回答の頻度のずれをカイ 2 乗検定で検討するときに使用されますが、見方によっては分散の指標でもあります。もとの母集団の標準正規分布の平均が 1 ですから、母集団から取り出した n 個の平方和である χ^2 の平均は n となり、この n を**自由度**と呼びます。また、平均 $E(\chi^2) = n$、分散 $V(\chi^2) = 2n$ となることが知られています。

3.6.4 演習シートでカイ 2 乗分布を体験する

図 3.22 のような、カイ 2 乗分布の演習シートを準備します（**カイ 2 乗.xlsx**）。

このシートは、二項分布の演習シートを作ったときと同じような仕組みで、テーブルの値として標準正規分布の 2 乗値を、表の上側に自由度の値を設定します。標準正規分布の 2 乗値を求めるのに時間がかかるので、ここでは列 J から列 S の 10 列分だけ標準正規分布の 2 乗値を設定しました。

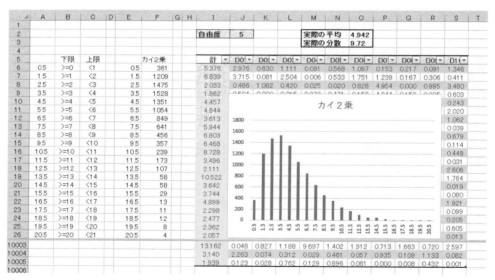

図 3.22　カイ 2 乗分布の演習シート

1. 列 J から列 S にかけて、`=NORM.S.INV(RAND())^2` の式で、標準正規分布の 2 乗の値を 10000 行用意します（図 3.23）。

NORM.S.INV 関数

NORM.S.INV(確率)

標準正規分布の累積分布関数の逆関数の値を返します。この分布は、平均が 0 で標準偏差が 1 である正規分布に対応します。

確率　　必ず指定します。正規分布における確率を指定します。

2. セル J2 に自由度の値を設定します。
3. 列 I ではセル J2 の自由度の数をもとに、OFFSET 関数を利用して標準正規分布の 2 乗値の合計を求めます。

	I	J	K	L	M	N	O
1							
2	自由度	5			実際の平均		=AVERAGE(I6:I10005)
3					実際の分散		=VAR.S(I6:I10005)
4							
5	計	D01	D(	D(	D04	D(	D06
6	=SUM(J6:OFFSET(J6,0,$J$2-1))	=NORM.S.INV(RAND())^2	=NOI	=NOI	=NORM.S.INV(F	=NC	=NORM.S.INV(RAND())^2
7	=SUM(J7:OFFSET(J7,0,$J$2-1))	=NORM.S.INV(RAND())^2	=NOI	=NOI	=NORM.S.INV(F	=NC	=NORM.S.INV(RAND())^2
8	=SUM(J8:OFFSET(J8,0,$J$2-1))	=NORM.S.INV(RAND())^2	=NOI	=NOI	=NORM.S.INV(F	=NC	=NORM.S.INV(RAND())^2
9	=SUM(J9:OFFSET(J9,0,$J$2-1))	=NORM.S.INV(RAND())^2	=NOI	=NOI	=NORM.S.INV(F	=NC	=NORM.S.INV(RAND())^2
10	=SUM(J10:OFFSET(J10,0,$J$2-1))	=NORM.S.INV(RAND())^2	=NOI	=NOI	=NORM.S.INV(F	=NC	=NORM.S.INV(RAND())^2

図 3.23　数式表現（その 1）

4. カイ 2 乗分布は正の値のみなので、列 A に、0.5 から 1 刻みで X 軸の値を設定します。
5. 列 F では、X = 0.5 の箇所では、下限の 0 以上から上限の 1 未満までの間に、何件のデータが出現したかを COUNTIFS 関数で求めます。そのため、列 B、列 C では、列 A の値の ±0.5 の範囲で下限と上限にあたる文字列を生成しています（**図 3.24**）。
6. グラフを描画しやすくするために、列 E に X 軸の値、列 F に COUNTIFS 関数で指定した範囲内の値を計数します。

	A	B	C	D	E	F
1						
2						
3						
4						
5		下限	上限			カイ2乗
6	0.5	=">="&(A6-0.5)	="<"&(A6+0.5)		=A6	=COUNTIFS(テーブル1[計],B6,テーブル1[計],C6)
7	1.5	=">="&(A7-0.5)	="<"&(A7+0.5)		=A7	=COUNTIFS(テーブル1[計],B7,テーブル1[計],C7)
8	2.5	=">="&(A8-0.5)	="<"&(A8+0.5)		=A8	=COUNTIFS(テーブル1[計],B8,テーブル1[計],C8)
9	3.5	=">="&(A9-0.5)	="<"&(A9+0.5)		=A9	=COUNTIFS(テーブル1[計],B9,テーブル1[計],C9)
10	4.5	=">="&(A10-0.5)	="<"&(A10+0.5)		=A10	=COUNTIFS(テーブル1[計],B10,テーブル1[計],C10)

図 3.24　数式表現（その 2）

自由度1と自由度3の結果を、**図3.25**と**図3.26**に示します。自由度nのカイ2乗分布では、平均μと分散σ^2は自由度nのみで決まって$\mu=n$, $\sigma^2=2n$となります。この関係を、演習シートでセルJ2の自由度を変えて「F9」キーで実行し、セル範囲O2:O3に記録された平均と分散を変更し、確認してください。

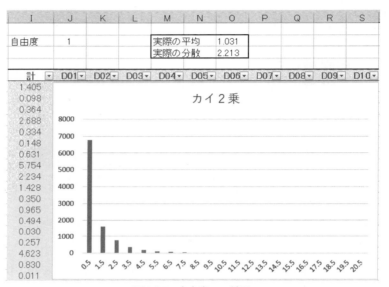

図3.25　自由度1の結果

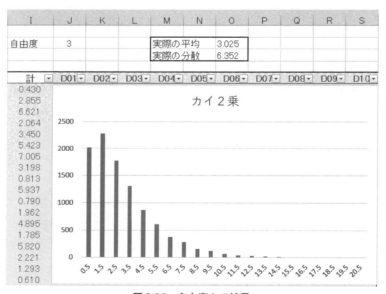

図3.26　自由度3の結果

カイ2乗分布は標準正規分布を2乗しているので、正の側の分布しかありません。カイ2乗分布の形状は自由度nにより変化します。その例を図3.27に示します。

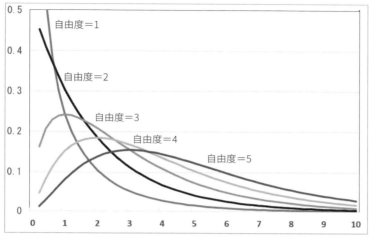

図 3.27 カイ2乗分布の理論分布

3.6.5 カイ2乗分布と分割表のばらつき

ここまでで、カイ2乗分布がどのようなものか分かりましたが、ここで大きな疑問が出てきます。カイ2乗分布が正規分布に従う変数分布の2乗の平方和で定義されることは分かりますが、なぜ、分割表における観測度数と期待度数の差がカイ2乗分布に従うのでしょうか。平方和と独立性では話がまるで異なるように見えます。この疑問を明確にすることは、そう難しくはありません。

今、2個のセルからなる分割表を考えます。あるn個のデータが相反する2種類に分類され、おのおのの頻度がn_1, n_2（$n = n_1 + n_2$）、おのおのの生起確率をp_1, p_2とします。この場合のおのおのの期待度数はnp_1, np_2になるので各項を期待度数で割ってばらつきの指標χ^2値を求め、次のように式を変形します。

$$\frac{(n_1 - np_1)^2}{np_1} + \frac{(n_2 - np_2)^2}{np_2} = \frac{(n_1 - np_1)^2}{np_1} + \frac{(n - n_1 - n + np_1)^2}{n(1 - p_1)}$$
$$= \frac{(n_1 - np_1)^2}{np_1(1 - p_1)}$$
$$= \left(\frac{n_1 - np_1}{\sqrt{np_1(1 - p_1)}}\right)^2$$

この式の意味を考えましょう。

最初に、二項分布の分散を示す $V(x) = np(1-p)$ の式を思い出してください。ある n 個のデータが相反する 2 種類に分類され、「それぞれの頻度を n_1, n_2 ($n = n_1 + n_2$)、それぞれの生起確率を p_1, p_2 とする」という条件から、n_1 は二項分布に従います。すると、データの数 n が大きければ n_1 は正規分布になります。

次に、最後の式の分母は二項分布の標準偏差になっています。見方を変えると、n が大きく、かつ二項分布に従えば、分子部分の n_1 は正規分布となります。そこから平均である np_1 を引き、かつ標準偏差で割っているので、全体が標準正規分布になっています。

中心極限定理（4.4.3 項）の定義は、「$x = x_1 + x_2 + \cdots + x_n$ が独立の確率変数で、それぞれの分散が有限のときに、$x = x_1 + x_2 + \cdots + x_n$ の分布は n が大きければ正規分布に近づく」というものです。n_1 は確率 p に従って生じる事象です。今回の式の導出は n が大きいケースにあたりますので、頻度のばらつきは正規分布と関連付けられます。

3.6.6　2×2 の分割表の演習シート

今度は、分割表のばらつきとカイ 2 乗分布が等しくなるかを体験します。図 3.28、表 3.8 のような演習シートを用意します（**自由度 1 集計表.xlsx**）。

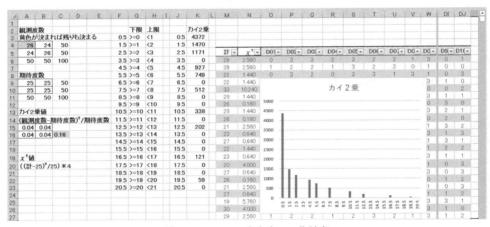

図 3.28　2×2、自由度 1 の集計表

表 3.8　セル・セル範囲・列の役割と注意点（2×2 分割表）

M5:DJ10005	テーブルとして書式設定する。
列 O～列 DJ	0～3 の整数を乱数としてとる関数 RANDBETWEEN(0,3) を設定する。
列 M	列 O：列 DJ の中で、値が 0 のもののみを計数する。
A4:B6	2×2 の分割表の場合、分割表の周辺度数を 50 で固定すると、セル A4 が決まると残りが自動的に決まることに注意する。
A9:B10	2×2 の理論分布を用意する。理論的にすべて同じ頻度で生じるとすると、各セルに 25 が入ることを示す。
A15:B16	理論値と測定値のずれを定義に従って求め、右下隅のセル C16 に χ^2 値として求める。
A20	今回の場合では、0 の個数を示す「計」の値から 25 を引いて 2 乗し、それを 25 で割った結果を 4 倍すれば χ^2 値になることを示す。
列 N	セル A20 で求めたのと同じ方法で χ^2 値を求める。
列 F	0.5 から 1 刻みで X 軸の値を設定する。
列 G、列 H	列 F の値の ±0.5 の範囲で、下限と上限にあたる文字列を生成する。
列 K	下限以上から上限未満までに、何件のデータが出現したかを COUNTIFS 関数で求める。
列 J、列 K	グラフを描画するデータ。

　演習シートを設定して「F9」キーで乱数を再計算させると、グラフの形が微妙に変化しますが、自由度 1 のカイ 2 乗分布になることが分かります。2×2 の分割表では、1 箇所のセルの値が決まると、残りは自動的に決まることに注意してください。
　図 3.29、図 3.30 に各セルの数式を示します。

	F	G	H	I	J	K
1						
2		下限	上限			カイ2乗
3	0.5	=">="&(F3-0.5)	="<"&(F3+0.5)		=F3	=COUNTIFS(テーブル3[χ2],G3,テーブル3[χ2],H3)
4	1.5	=">="&(F4-0.5)	="<"&(F4+0.5)		=F4	=COUNTIFS(テーブル3[χ2],G4,テーブル3[χ2],H4)
5	2.5	=">="&(F5-0.5)	="<"&(F5+0.5)		=F5	=COUNTIFS(テーブル3[χ2],G5,テーブル3[χ2],H5)
6	3.5	=">="&(F6-0.5)	="<"&(F6+0.5)		=F6	=COUNTIFS(テーブル3[χ2],G6,テーブル3[χ2],H6)
7	4.5	=">="&(F7-0.5)	="<"&(F7+0.5)		=F7	=COUNTIFS(テーブル3[χ2],G7,テーブル3[χ2],H7)

図 3.29　数式表現（その 1）

	M	N	O	P
4				
5	計	χ^2	D01	D02
6	=COUNTIF(テーブル3[@[D01]:[D100]],"=0")	=(([@計]-25)^2/25)*4	=RANDBETWEEN(0,3)	=RANDBETWEEN(0,3)
7	=COUNTIF(テーブル3[@[D01]:[D100]],"=0")	=(([@計]-25)^2/25)*4	=RANDBETWEEN(0,3)	=RANDBETWEEN(0,3)
8	=COUNTIF(テーブル3[@[D01]:[D100]],"=0")	=(([@計]-25)^2/25)*4	=RANDBETWEEN(0,3)	=RANDBETWEEN(0,3)
9	=COUNTIF(テーブル3[@[D01]:[D100]],"=0")	=(([@計]-25)^2/25)*4	=RANDBETWEEN(0,3)	=RANDBETWEEN(0,3)
10	=COUNTIF(テーブル3[@[D01]:[D100]],"=0")	=(([@計]-25)^2/25)*4	=RANDBETWEEN(0,3)	=RANDBETWEEN(0,3)

図 3.30　数式表現（その 2）

3.6.7 1×4の分割表の演習シート

2×2のシートを改良して、1×4のシートを作ります。

図3.31の列Aから列Eにかけて、前に作成した2×2の演習シートで設定した記述が残っていますが、今回は無視してください。1×4の分割表は、前回の2×2の分割表のシートに、列Nから列Pの3列を追加して作成します（**自由度3集計表.xlsx**、表3.9）。

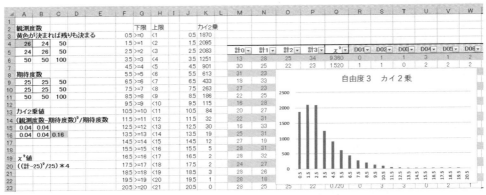

図3.31　1×4、自由度3の集計表

表3.9　列の役割（1×4分割表）

列M	値が0のもののみを計数する。
列N	値が1のもののみを計数する。
列O	値が2のもののみを計数する。
列P	値が3のもののみを計数する。
列Q	1×4の場合のカイ2乗値を=(列M-25)^2/25+(列N-25)^2/25+(列O-25)^2/25+(列P-25)^2/25で求める。
列F	0.5から1刻みでX軸の値を設定する。
列G、列H	列Fの値の±0.5の範囲で下限と上限にあたる文字列を生成する。
列K	下限以上から上限未満までに何件のカイ2乗値が出現したかをCOUNTIFS関数で求める。
列J、列K	グラフを描画するデータ。

演習シートを設定して「F9」キーで乱数を再計算させると、グラフの形が微妙に変化しますが、図3.27の「カイ2乗分布の理論分布」に示した、自由度3のカイ2乗分布になることが分かります。1×4の分割表では、3箇所のセルの値が決まると残りは自動的に決まる点に注意してください。

図 3.32、図 3.33 に各セルの数式を示します。

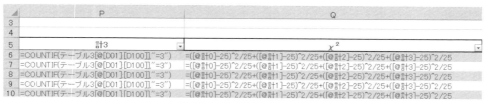

図 3.32　数式表現（その 1）

図 3.33　数式表現（その 2）

☑ カイ 2 乗検定は度数の検定である

カイ 2 乗分布を用いるカイ 2 乗検定は、アンケート集計の基本となります。どのような理論で検定が行われているか体験しておけば、分布の差が重要であることがしっかりと理解でき、検定結果を鵜呑みにして間違いを犯す危険は少なくなるはずです。

カイ 2 乗検定の大事な点は、あくまで標本における頻度、つまり度数の検定であり、標本をもとに理論値と実測値のずれの度合いを見ているという点です。そのため、母集団に近いような大量のデータを、そのままカイ 2 乗検定で検討することは避けてください。

自分が入手したデータの集計結果にのみ注意が向いてしまい、検定をするワークシートに度数を入れて、「はい、終わり」という作業をする人がいます。そのような態度はやめて、必ず「理論的な分布はどうなっているか」「ずれはどうなっているか」という点に注意してください。そうすれば、データがあなたに訴えかける大事な情報を見落とさずに済むはずです。

3.7 F 分布を考える

F 分布は通常、分散の比を検討するために用いられます。しかし、もとをたどるとカイ2乗分布とも深い関係があります。本節では、F 分布とはなにかについて学びます。

3.7.1 分散の等しさを考える

5.3節で説明する t 検定は、平均の比較をするために、非常に多くの場面で使用されます。しかし、検定を行う前に、2つの標本の分散が等しいかを検討することが必要条件となっています。

統計解析の初心者は、自分が求めたデータしか目に入らないものです。そのため、2群の分散が極端に異なっても、「これが事実ですからしょうがない」と考えます。しかし、はたしてそれでよいのでしょうか。

2群の分散が極端に異なるときは、標本をとり直せば分散が変わる可能性が秘められています。「分散が極端に小さい」とは、たとえば正規分布に従っている母集団の、固まった一部のみを取り出した可能性が高いのです。いってみれば、カードをよく切って比較すべきところを、順番に並んでいる状態からカードを取り出したようなものです。

では、「分散が等しい」とはどのように考えたらよいでしょうか。2群がおおよそ同じ分散なら、その比は1に近くなるでしょうし、異なっていれば1から離れるはずです。

前節で行った、カイ2乗分布が実は標本分散の推定になっていたことを思い出してください。これを利用すればよいのです。

3.7.2 F 分布とは

互いに独立な変数 u_1 と u_2 が、カイ2乗分布に従うケースを考えます。おのおのの自由度を n_1, n_2 とすると、次式で定義される確率変数の分布は自由度 n_1, n_2 の F 分布となり、$F(n_1, n_2)$ で表現されます。

$$F(n_1, n_2) = \frac{\dfrac{u_1}{n_1}}{\dfrac{u_2}{n_2}}$$

定義からも明らかなように、分子と分母を入れ替えた統計量も F 分布となります。

また、カイ2乗分布が標本分散の推定値になっていたことから、このFが分散の比率を示すことになります。

したがって、Fが1に近ければ2つの分布の分散はほぼ等しいでしょうし、極端に小さかったり大きかったりすれば、分散が大幅に異なることを意味します。分散の比の検定を検討するF検定（5.2節）は、等分散と仮定できるか否かを検証するために必ずt検定の前に行う大事な手法です。

3.7.3 演習シートでF分布を体験する

カイ2乗分布の演習シートを参考に、F分布の演習シートを作成します（図3.34、表3.10、**F分布.xlsx**）。

1. 列L：列Uと列V：列AEのおのおの10列に標準正規分布に従う乱数の2乗の値を用意します。前者がu_1分、後者がu_2分となります。
2. セルG1でu_1の件数を、セルG2でu_2の件数を指定します。標準正規分布の2乗の値の合計として、u_1分の合計を列Iに、u_2分の合計を列Jに求め、その分散比$F=(u_1/n_1)/(u_2/n_2)$を列Kに求めます。
3. 列B：列Cに作成した下限、上限を利用し、$F=(u_1/n_1)/(u_2/n_2)$の値に対してCOUNTIFS関数を利用して列Fに階級値ごとの件数を求めます。**F分布.xlsx**として保存しましょう。

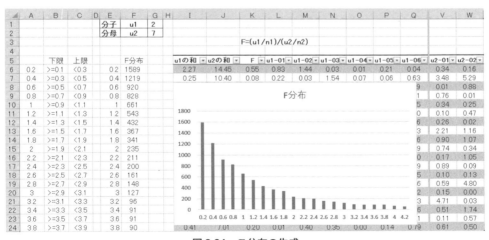

図3.34　F分布の生成

第 3 章 分布を考える

表 3.10 セル・セル範囲・列の役割（F 分布）

G1:G2	u_1, u_2 の件数を指定する。
列 L：列 AE	=NORM.S.INV(RAND())^2 で標準正規分布の平方を求める。
列 I	=SUM(L6:OFFSET(L6,0,$G$1-1)) で「u_1 の件数」分の平方和を求める。
列 J	=SUM(V6:OFFSET(V6,0,$G$2-1)) で「u_2 の件数」分の平方和を求める。
列 K	=([@u1 の和]/$G$1)/([@u2 の和]/$G$2) で定義に従った分散比を求める。

図 3.34 は $n_1 = 2$, $n_2 = 7$ の例です。n_1, n_2 におのおの 10 までの値を入れて、F 分布を生成してください。n_1, n_2 により最大値の位置が異なっていくことが分かります。

図 3.35、図 3.36 に各セルの数式を示します。

	I	J	K
1			
2			
3			F=(u1/n1)/(u2/n2)
4			
5	u1の和	u2の和	F
6	=SUM(L6:OFFSET(L6,0,$G$1-1))	=SUM(V6:OFFSET(V6,0,$G$2-1))	=([@u1の和]/$G$1)/([@u2の和]/$G$2)
7	=SUM(L7:OFFSET(L7,0,$G$1-1))	=SUM(V7:OFFSET(V7,0,$G$2-1))	=([@u1の和]/$G$1)/([@u2の和]/$G$2)
8	=SUM(L8:OFFSET(L8,0,$G$1-1))	=SUM(V8:OFFSET(V8,0,$G$2-1))	=([@u1の和]/$G$1)/([@u2の和]/$G$2)
9	=SUM(L9:OFFSET(L9,0,$G$1-1))	=SUM(V9:OFFSET(V9,0,$G$2-1))	=([@u1の和]/$G$1)/([@u2の和]/$G$2)
10	=SUM(L10:OFFSET(L10,0,$G$1-1))	=SUM(V10:OFFSET(V10,0,$G$2-1))	=([@u1の和]/$G$1)/([@u2の和]/$G$2)

図 3.35 数式表現（その 1）

	K	L	M	V
1				
2				
3	F=(u1/n1)/(u2/n2)			
4				
5	F	u1-01	u1-02	u2-01
6	=([@u1の和]/$G$1)/([@u2の和]/$G$2)	=NORM.S.INV(RAND())^2	=NORM.S.INV(RAND())^2	=NORM.S.INV(RAND())^2
7	=([@u1の和]/$G$1)/([@u2の和]/$G$2)	=NORM.S.INV(RAND())^2	=NORM.S.INV(RAND())^2	=NORM.S.INV(RAND())^2
8	=([@u1の和]/$G$1)/([@u2の和]/$G$2)	=NORM.S.INV(RAND())^2	=NORM.S.INV(RAND())^2	=NORM.S.INV(RAND())^2
9	=([@u1の和]/$G$1)/([@u2の和]/$G$2)	=NORM.S.INV(RAND())^2	=NORM.S.INV(RAND())^2	=NORM.S.INV(RAND())^2
10	=([@u1の和]/$G$1)/([@u2の和]/$G$2)	=NORM.S.INV(RAND())^2	=NORM.S.INV(RAND())^2	=NORM.S.INV(RAND())^2

図 3.36 数式表現（その 2）

3.7.4 演習シートの汎用化

これまでは、10000 件のデータの集計をしていました。これを 10000 件より少ない任意の件数で集計するように、シートを改造します（図 3.37、表 3.11）。そのときは、F 分布のグラフを実際の件数でなく、全体に対する割合で示します（**汎用 F 分布.xlsx**）。

1. 集計範囲を件数によって変えるためには、一度、入力した件数から集計するセル範囲の文字列を作ります。
2. セル範囲の文字列を、INDIRECT 関数によって実際のセル範囲に変換して扱うようにします。

3. F 分布の件数は、入力した件数を用いて全体に対する割合で示します。

	A	B	C	D	E	F	G	H	I	J	K	L	M	N	O	P
1					分子	u1	9									
2					分母	u2	9									
3					件数		1000		K6:K1006			F=(u1/n1)/(u2/n2)				
4																
5		下限	上限			F分布	1000件の分布		u1の和	u2の和	F	u1-01	u1-02	u1-03	u1-04	u1-05
6	0.2	>=0.1	<0.3		0.2	0.0438	0.0420		3.67	8.80	0.42	0.03	0.53	0.10	0.02	0.76
7	0.4	>=0.3	<0.5		0.4	0.1173	0.1270		8.43	5.48	1.54	6.18	0.24	0.00	0.24	0.75
8	0.6	>=0.5	<0.7		0.6	0.1461	0.1380									
9	0.8	>=0.7	<0.9		0.8	0.1372	0.1230									
10	1	>=0.9	<1.1		1	0.1161	0.1070									
11	1.2	>=1.1	<1.3		1.2	0.0913	0.0820									
12	1.4	>=1.3	<1.5		1.4	0.0707	0.0840									
13	1.6	>=1.5	<1.7		1.6	0.0546	0.0500									
14	1.8	>=1.7	<1.9		1.8	0.0425	0.0420									
15	2	>=1.9	<2.1		2	0.0321	0.0340									
16	2.2	>=2.1	<2.3		2.2	0.0289	0.0370									
17	2.4	>=2.3	<2.5		2.4	0.0205	0.0220									
18	2.6	>=2.5	<2.7		2.6	0.0172	0.0190									
19	2.8	>=2.7	<2.9		2.8	0.0133	0.0130									
20	3	>=2.9	<3.1		3	0.0105	0.0100									
21	3.2	>=3.1	<3.3		3.2	0.0098	0.0110									
22	3.4	>=3.3	<3.5		3.4	0.0080	0.0200									
23	3.6	>=3.5	<3.7		3.6	0.0053	0.0030									
24	3.8	>=3.7	<3.9		3.8	0.0056	0.0040									

図 3.37 件数を少なくした場合

表 3.11 セル・セル範囲・列の役割(汎用演習シート)

G3	集計する件数。
I3	集計すべきセル範囲の文字列を ="K6:K"&(6+G3) で作成する。 G3=1000 であれば、K6:K1006 なる文字列を作成する。
列 F	=COUNTIFS($K$6:$K$10005,B6,$K$6:$K$10005,C6)/10000 で件数を割合に変換する。
列 G	=COUNTIFS(INDIRECT($I$3),B6,INDIRECT($I$3),C6)/$G$3 で指定した件数分集計する。

INDIRECT 関数

INDIRECT(参照文字列,[参照形式])

指定される文字列への参照を返します。セル参照はすぐに計算され、結果としてセルの内容が表示されます。INDIRECT 関数を使うと、数式自体を変更しないで、数式内で使用しているセル参照を変更することができます。

参照文字列　　必ず指定します。A1 形式、R1C1 形式の参照、参照として定義されている名前が入力されているセルへの参照、または文字列としてのセルへの参照を指定します。

参照形式　　　省略可能です。参照文字列で指定されたセルに含まれるセル参照の種類(A1 形式、R1C1 形式)を、論理値で指定します。

第3章 分布を考える

図 3.38 に各セルの数式を示します。

	D	E	F	G	H	I
1		分子	u1	9		
2		分母	u2	9		="K6:K"&(6+G3)
3		件数		1000		
4						
5			F分布	=G3&"件の分布"		u1の和
6		=A6	=COUNTIFS(K	=COUNTIFS(INDIRECT($I$3),B6,INDIRECT($I$3),C6)/$G$3		=SUM(L6:OFFSET(L6,
7		=A7	=COUNTIFS(K	=COUNTIFS(INDIRECT($I$3),B7,INDIRECT($I$3),C7)/$G$3		=SUM(L7:OFFSET(L7,
8		=A8	=COUNTIFS(K	=COUNTIFS(INDIRECT($I$3),B8,INDIRECT($I$3),C8)/$G$3		=SUM(L8:OFFSET(L8,
9		=A9	=COUNTIFS(K	=COUNTIFS(INDIRECT($I$3),B9,INDIRECT($I$3),C9)/$G$3		=SUM(L9:OFFSET(L9,
10		=A10	=COUNTIFS(K	=COUNTIFS(INDIRECT($I$3),B10,INDIRECT($I$3),C10)/$G$3		=SUM(L10:OFFSET(L1

図 3.38　数式表現

本節では、分散比の分布である F 分布について解説しました。F 分布を使う F 検定のいろいろなバリエーションは、5.2 節でまとめて取り上げます。また、分散の比較をより詳しくする方法は 6.1 節で取り上げます。

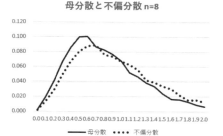

第4章
標本を比較する

　前章ではデータの分布について解説しました。今度は2つの分布の比較です。全データを対象とする母集団のときと、母集団の一部である標本のときとでは、比較の方法も異なります。

　本章では、まず、2群の比較の概念としての統計学的仮説検定を紹介します。次に、平均の比較である t 検定を例にとり、標本から母集団の平均を比較するために必要な「大数の法則」「自由度3」などを紹介し、最終的に t 検定の解析がどのような原理で成り立っているかを解説します。

　これまで難解で不可思議だった「t 検定」が理解できるようにがんばりましょう。

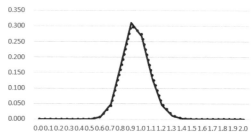

4.1 2つの変数の分布を考える—統計的な仮説検定法

本節では、コントロール群と観察群の、2種類の分布の比較を説明します。

2つの分布の比較をする場合、一方はなにもせず比較に用いる**コントロール群**と、もう一方は薬を投与する、食事を変えるなどなんらかの処理をした**観察群**を考えます。このときに、観察群はなんらかの処理をした点以外は、コントロール群と同じであるという点が重要です。そして、処理が2つの群になにか影響を与えるかどうかを検討します。もし2つの分布がある統計量に従うなら、2群の違いからなにが分かるか検討します。そのための手法が**統計学的仮説検定**です。

4.1.1 統計学的仮説検定の考え方

正規分布の話を思い出しながら、以下の内容を読んでいってください。

最初に集めた生のデータをコントロール群とします。このデータの平均が50、標準偏差が10であったとします。そして観察群が標準偏差は同じ10でも、平均が少し増加して60になっていたとします（図4.1）。

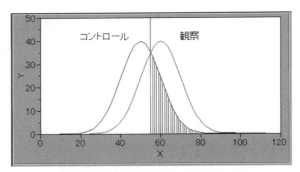

図4.1 位置があまり変わらないケース

これは、ダイエットをしている人の平均体重が50 kg、していない人の平均体重が60 kgと考えても結構ですし、普通の靴底の使用可能期間が50か月、製造方法を改良した靴底が60か月と考えても構いません。いずれにしても、平均値は50、60と2つの数値を示しますが、ある程度はデータの分布にばらつきがあると考えるのが大事な点です。

通常、このようなグラフを見ると「ほら、平均がずれていますよ。分布が違っていますよ」といいたくなります。しかし「あなたの気持ちは分かるけれど、2つの群がずれてもほんの少しじゃないですか。かなりの部分が相手と重なっています」という人もい

るでしょう。2つの分布はかなり重なっていますから、違うといわれても多くの人は納得しないでしょう。

今度は、観察群の平均値がかなりずれて 90 となったケースを考えてみます（**図 4.2**）。ピークの位置である平均値がかなりずれましたから、ある人は「この 2 つの母集団は平均がだいぶずれたものだから、異なったものと考えてもよい」というでしょう。しかし、人によっては、「平均がずれたといっても、まだ分布に重なったところがあるから、2 群の分布は異なっていない」というかもしれません。

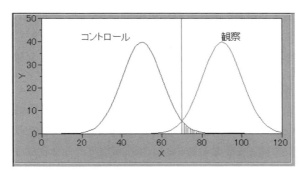

図 4.2　位置がかなり変化したケース

結局のところ、どこまで平均がずれたとしても、少しは重なった部分が存在するために、この議論は果てしなく続きます。そこで、発想を変え次のように考えます。

2 つの群が正規分布をとると仮定しても、「位置があまり変わらないケース」で示したような平均値の位置関係になったとします。その場合、偶然 2 つの分布がこのような位置関係をとっても、重なる確率（重なる面積）はかなり大きいはずです。つまり重なる面積が大きければ、ずれた位置関係が観察されたとしても、重なった部分の右半分の面積が大きいので、そのようなケースはいくらでもあると考えます。正確にいえば、2 つのグラフの交点から右半分は、左のグラフの分布であると同時に、右側のグラフに含まれる可能性もあります。この部分は、あとで「第一種の過誤」「第二種の過誤」として詳しく説明をします。

観察群の平均値がかなり変化して 90 になったケースでは、たまたま両者の分布が異なったとしても、このような位置関係になる確率は少なそうです。今までの話から、同じような 2 種類の分布があったとしても、ずれただけでは「ずれた」とはいいにくいので工夫が必要となりました。そこで、最初は 2 群が同じと考えておいて、ずれた 2 群が観察されたら平均と標準偏差をもとに、そのような位置関係になる確率はどの程度かを考えます。この一種独特な考え方を**統計学的仮説検定**と呼びます。

なお、この方法は**背理法**（はいりほう）ともいいます。この方法はある命題 A を証明したいときに、

最初に A は偽と仮定して、そこから矛盾を導き、A が偽とした仮定が誤っている、つまり A は真であると考える方法を指します。この一種独特な統計学的仮説検定の考え方を理解できれば、統計解析の大きな山を越したといってもよいでしょう。

実際の手順は以下のようになります。

① 2 群は等しいと仮定します。
② 両者が現在見ているような位置関係をとる確率を、平均と標準偏差など（正確には各種の統計量）から求めます。
③ 求めた確率があまりにも小さいなら、最初に「等しい」と仮定したこと自体に無理があると考えて、その仮定自体をやめます（棄却する）。ただし、わずかではありますが、偶然そのような位置関係になる確率も存在するので注意してください。

ここで、最初に等しいと仮定した仮説を「**帰無仮説** H_0」と呼び、それに対して異なるとした仮説を「**対立仮説** H_1」と呼びます。**帰無仮説**とは、観察対象となっている現象、関係、仮説がただの偶然であるという想定（仮説）のことです。これを退けるには、その現象が単なる偶然で生じる確率が小さな値以下でなければなりません。

この"ある小さな値"として、経験的に 5% や 1% を用います。**対立仮説**とは、帰無仮説に対する対立する仮設のことです。A と B の平均値は異なる、割合は異なるなど、通常、頭に浮かんで主張したくなるのはこちらです。

4.1.2 【例題】棄却検定—歩く距離とヒールの高さ

棄却検定の手順を述べましたが、もう少し具体的なデータで解説をします。

たとえばあなたが、友人をショッピングに誘ったとします。あなたは長距離を歩くつもりでしたが、そのことを友人に伝えたか伝えなかったか覚えていません。当日、待ち合わせ場所に現れた友人が高いヒールを履いていたとき、あなたは長距離歩くことを伝え忘れたといえるでしょうか？

ここで、「歩く距離によってヒールの高さが変化するかどうか」という問題を考えてみましょう。

　　帰無仮説 H_0：歩く距離によって、ヒールの高さに変化はない
　　対立仮説 H_1：歩く距離によって、ヒールの高さに変化がある

このとき、**図 4.3** のような、長距離歩くと分かっているときと分かっていないときのヒールの高さに関するデータがあるとします。

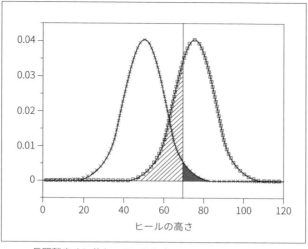

――*―― 長距離歩くと分かっているとき
――□―― 長距離歩くと分かっていないとき

図 4.3 ヒールの高さの分布

　図 4.3 は、長距離歩くと分かっているときは「平均 50 mm、標準偏差 10 mm」、長距離歩くと分かっていないときは「平均 75 mm、標準偏差 10 mm」と示しています。

　さて、このデータがあったときに、仮に友人が 70 mm のヒールを履いていたとして、あなたは伝え忘れてしまったといいきれるでしょうか？　必ずしもそうであるとはいいきれない可能性があります。

　グラフの左側にある正規分布（長距離歩くと分かっているときの分布）右端の、塗りつぶした部分に注目してください。この小さな部分は「長距離歩くことは分かっているが、ファッションとして高めのヒールが好きなので 70 mm のヒールを選んだ」などのケースがあたります。ヒールの高さだけを見て「伝え忘れてしまったんだな」と判断すると、間違った解釈をしたことになります。これを「タイプ 1 の誤り」「**第一種の過誤**」あるいは「**α エラー**」といい、「帰無仮説が正しいのに誤って仮説を棄却する誤り」になります。そのため俗に「あわてものの過誤」ともいいます。

　また、右側の正規分布（長距離歩くと分かっていないときの分布）の左端にある斜線部分は「長距離歩くとは聞いていないが、単に高いヒールは嫌いなので履いていない」などのケースです。ぼんやりとしていてこの可能性を見逃していると、友人は思わぬ距離を歩くことになってびっくりするかもしれません。こちらは「タイプ 2 の誤り」「**第二種の過誤**」あるいは「**β エラー**」といい、帰無仮説が誤っているのに仮設を採択してしまう誤りを意味し、俗に「ぼんやりものの過誤」ともいいます。

　通常、第一種の誤りは「有意水準」と呼び、α で示されます。有意水準 α は、伝統

的に 5% か 1% を用います。

一方、第二種の誤りは β で示されます。図 4.3 右側の対立仮説 H_1 のもとでの分布で、$1-\beta$ の部分は「帰無仮説が間違っているときに帰無仮説を棄却する」確率で、検定の「検出力」とも呼ばれます。

以上を踏まえて、例題の結果を統計として正式な表現を以下に示します。

帰無仮説 H_0：歩く距離によって、ヒールの高さに変化はない
対立仮説 H_1：歩く距離によって、ヒールの高さに変化がある
上記の仮説のもとで t 検定を行った。その結果、有意水準 $\alpha=0.05$ で帰無仮説を棄却した。

有意水準は危険率とも呼ばれます。一般的には「〜を t 検定で検討した。その結果、危険率 0.05 で有意差を認めた」あるいは「〜を t 検定で検討した。その結果 $p<0.05$ で有意差を認めた」のように簡素化して表現します。

さて、実際にこういったシチュエーションになったとしたら、70 mm のヒールを履いて現れた友人には、長距離歩くことを伝えたかどうか素直に尋ねてみるとよいでしょう。新しいヒールを買ったので長距離を覚悟のうえで履いているのかもしれませんし、あるいはやはりあなたが伝え忘れていたのかもしれません。友人相手なら、統計に頼らずに訊いてみるのがいちばんですね。

4.1.3 両側検定と片側検定

ここで 1 つ困った問題が生じます。たとえば平均値の比較をするために、2 種類の計測をした場合、平均値が片方にのみずれて変化するとはいいきれないのです。

たとえば、長距離歩くと分かっている群と分かっていない群で、ヒールの高さが高くなったことを「長距離歩くと分かっていなかったからだ」といいたくなりますが、分かっていなかったからといってヒールの高さが必ず高くなる保証はありません。先ほど示したように、ファッションの好みなど、ほかの観点を優先させた可能性があります。ほかの例でいえば、ダイエットのサプリメントを飲んだとしても、痩せるだけではなくてリバウンドで体重が増える可能性があります。常識だけで考えると「片方に結果が偏る」と思ってしまうことであっても、そうなる保証はどこにもありません。

そのため、棄却域（そこに入れば帰無仮説を棄却できる範囲）を片側に設ける検定方法を**片側検定**、両側に設けるのを**両側検定**と定義します。通常は両側検定にしておけば間違いはありません。より厳しい判定をするだけです。今までのようにグラフの面積を用いて説明すれば、$\alpha=0.05$ とすると片側検定のときは片側の棄却域の面積が 0.05、両側検定のときは両側の面積を足したものが 0.05 になると考え、おのおのは 0.025 と考え

☑ 統計学的仮説検定の一般的手順はどれも同じ

一般的な統計学的仮説検定の手順は、ほぼどれも同じです。

① あなたは「違いがある」と主張したいかもしれませんが、まずは「違いがない、等しい」という立場の帰無仮説を考えます。
② 「平均」「標準偏差」「z値（標準得点ともいう、後述）」「t値」「χ^2値」「F値」「U_{cal}」「T_{cal}」など、検定に用いる統計量（検定統計量）を求めます。
③ 検定統計量の理論分布は分かっているので、求めた検定統計量が生じる確率（p値）を求めます。
④ 有意水準 α と p 値を基準にして、どちらの仮説を採択するかを決めます。

「検定統計量の理論分布は分かっているので、求めた検定統計量が生じる確率（p値）を求める」の表現が分かりにくいのですが、「ある検定統計量以上を占めるグラフの面積」と考えればよいでしょう。

4.2 データの分布を考える―仲間の中でのあなたの順位

これまで、演習シートを使って正規分布がどのようなものかを学習してきました。本節では、2群の比較をする基本として、データが正規分布に従う場合どのような利用ができるかを紹介します。これは正規分布のデータの、基礎的な概念の学習になります。

さて、本書を読む方は大学生か社会人の方が多く、受験とはあまり縁がない方が多いでしょう。しかし将来、あなたが子どもを持ち、そのお子さんが受験に関係する可能性もあります。そこで、「お子さんが中学校や高校の受験にチャレンジする」という想定のもとで話を進めます。

例として、非常に多くの人々が、続けて2回の統一模擬試験を受けたと考えます。1回目と2回目の平均点と標準偏差が異なる場合、この2つの試験の結果をどのように処理して解釈すれば、自分の子どもの点数の変化を把握できるのかを考えます。また、その考えを一般の場合に拡張するにはどうすればよいかを学びます。

4.2.1 正規分布に従う点数データの準備

新規に図 4.4 のようなシートを作ります（**データの分布を考える.xlsx**）。

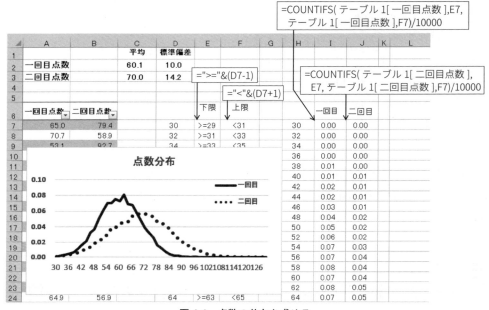

図 4.4　点数の分布を求める

「一回目」「二回目」の点数を計算式で定義し、データを 10000 件用意し、これを仮に母集団と考えます。「一回目」の値は平均 60 点、標準偏差が 10 点、「二回目」の値は平均点が 70 点で標準偏差が 14 点である正規分布のデータを準備します。そのため、NORM.S.INV(RAND()) で標準正規分布に従う値を作成し、それに希望する標準偏差の値を掛けたあとに平均値の値を足し、任意の平均、標準偏差を持つ正規分布に従う値を作ります。

大量のデータを扱うシートで、作業をするたびに乱数の計算が繰り返されると時間がかかるので、メニューから「ファイル」→「オプション」→「数式」→「計算方法の設定」→「手動」と選び、自動的に毎回計算しないようにします。この場合、再計算をさせるには「F9」キーを押します。

次のように設定することで、理論的には「一回目」は平均 60 点、標準偏差 10 点、「二回目」は平均 70 点、標準偏差 14 点となるように計算式は設定しています。なお、乱数を使っているので、実際のデータは本書で表示される値とは微妙に異なります。

一回目（列 A）：　=NORM.S.INV(RAND())*10+60

二回目（列B）：　=NORM.S.INV(RAND())*14+70

　これまでのように、30点から2点刻みで130点までの値を設定し、度数分布を求めてから全体の件数で割り、点数の分布割合のグラフを作成します。図4.3の数式に出てくる「テーブル1」は列A：列Bで求めた「一回目」と「二回目」の点数を指します。

4.2.2　点数の標準化

　さて、子どもの点数と分布のグラフを見ると、平均よりよいか悪いかの判断はつきます。しかし、全体の分布の中での位置関係が分かりません。2種類の試験の結果が、平均点も分散（標準偏差の2乗）も異なっているので単純に点数の比較はできないのです。

　このように、異なる平均と分散を持つ正規分布はそのままでは比較しにくいので、**標準化**という作業で、平均0、分散1の標準正規分布に変換します。ここで変換された点数は**標準得点**といいます。今回のデータは標準正規分布に従う乱数から求めたため、再度、標準化を行うのはおかしな気がしますが、一般論ということで割り切ってください。

　今回用いたケースでは、平均と標準偏差をAVERAGE関数とSTDEV.S関数を用いて求めると、「一回目」と「二回目」の平均と標準偏差は70点、60点といった切りのよい値にはなっていません。標準化の操作とは、各点数から平均値を引き標準偏差で割って標準得点を求める操作のことです。その結果、標準得点 z は標準偏差の何個分離れているかという意味になります。今回求めた平均値と標準偏差を用いて「標準得点一回目」「標準得点二回目」の2種類の変数を求めます。これで2つの分布が平均0、標準偏差1（分散1）の分布に変換されます。なお、図4.5では表示の関係で平均と標準偏差の位置を、図4.4より右にずらしてあります（**点数の標準化.xlsx**）。

　標準得点の求め方の式は図中に書いてありますが、以下にも示します。ここで「テーブル2」は列L：列Mで求めた「一回目」と「二回目」の標準得点を指します

標準得点一回目（列L）
=COUNTIFS(テーブル2[標準得点一回目],P7,テーブル2[標準得点一回目],Q7)/10000
標準得点二回目（列M）
=COUNTIFS(テーブル2[標準得点二回目],P7,テーブル2[標準得点二回目],Q7)/10000

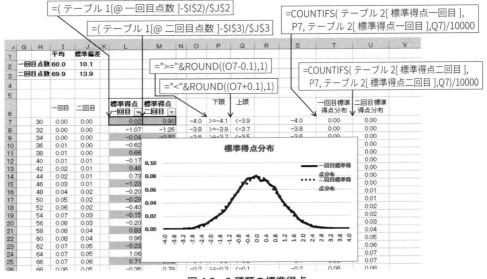

図 4.5　2 種類の標準得点

4.2.3　標準正規分布から偏差値、順位へ

ここまでの処理で、2 種類の点数の分布の比較が可能となりました。たとえば、1 回目の点数が 70 点で 2 回目も 70 点だったとします。1 回目と 2 回目の理論的な標準得点 z_1, z_2 は標準偏差がおのおの 10, 14 だとすると、次の式のようになります。

$$z_1 = \frac{70-60}{10} = 1$$
$$z_2 = \frac{70-70}{14} = 0$$

このような変換を行うと、正規分布に従うテストの比較ができます。1 回目の点数が＋1 標準偏差の位置にあったのが、2 回目では低下して 0 になったことが分かります。単なる標準得点では横軸の z の値が -4 から 4 程度で扱いが煩雑になります。これをもっと扱いやすくするために、標準得点を 10 倍し 50 を加えると、受験産業でおなじみの **偏差値** となります。平均値を 50、標準偏差を 10 に変換したと考えても結構です。

$$偏差値 = 標準得点 \times 10 + 50$$
$$= \frac{得点 - 平均値}{標準偏差} \times 10 + 50$$

通常、学習塾や予備校では、この偏差値が生徒に返される例が多いようです。そのた

め素点から両親や本人が偏差値を計算する機会は少ないでしょうが、このような仕組みで偏差値が算出されることは知っていて損はありません。

ところで、偏差値のみで自分が注目している点数の全体の中での位置が、手軽に分かるでしょうか。この種の問題には、NORM.DIST 関数を用います。

NORM.DIST 関数

NORM.DIST(x,平均,標準偏差,関数形式)

指定した平均と標準偏差に対する正規分布関数の値を返します。この関数は、仮説検定をはじめとする統計学の幅広い分野に応用できます。

| x | 必ず指定します。関数に代入する値を指定します。 |

| 平均 | 必ず指定します。対象となる分布の算術平均（相加平均）を指定します。 |

| 標準偏差 | 必ず指定します。対象となる分布の標準偏差を指定します。 |

| 関数形式 | 必ず指定します。計算に使用する関数の形式を論理値で指定します。関数形式が TRUE の場合は、累積分布関数の値を返します。FALSE の場合は、確率質量関数の値を返します。 |

上記の表示にある確率質量関数は、ある値をとるときの確率と考えればよいでしょう。累積分布関数は下から何パーセント目にいるかという意味です。これに件数（ここではテストを受けた人数）を掛ければ、下から何人目にいるかが分かります。この値は統計の世界では**パーセンタイル値**とも呼びます。

4.2.4　偏差値を見るときの注意点

実際に計算してみると、偏差値が 50 から 55 に上がるのと、55 から 60 に上がるのでは大違いです。間違っても、単に 5 変化しただけなどと思わないでください。全体の人数が仮に 200000 人いたとすると、50 から 55 に上がるのでは 38292 人追い越し、55 から 60 に上がるのではさらに 29976 人追い越したことになります。偏差値 50 は全体の 50% の位置であったのが、60 では 84.13%、65 では 93.31%、70 で 97.72% 近くになります。

ある年の受験データでは、首都圏近郊の男子が受験できる私立中学で偏差値が 65 以上である学校は、開成、麻布、駒場東邦、慶応義塾中等部、慶応義塾普通部、慶応義塾

湘南藤沢などのいくつかの中学校でした。考えようによっては、塾で全国平均の模擬試験を受けたとして、試験を受けた方が100人であれば7番以内、つまり上位7%に入っていないと、これらの中学に入学するのは困難なわけです。

ただし、偏差値を見る場合、1つ注意が必要です。偏差値はあくまで同じ集団の中で比較するものです。ごく普通の生徒ばかりの10000人がいる塾で偏差値75をとっていた生徒が、できる生徒が多い塾に移ったときに、新しい塾での偏差値が75のままという保証はありません。偏差値はあくまで同じ集団の中での比較であることに留意してください。

☑ どんな正規分布も標準化できる

日頃聞き慣れてはいるけど、その内容が今ひとつ分かりにくかった偏差値も、標準正規分布から導かれたことが理解できたでしょう。どのような正規分布も平均と標準偏差を用いて標準化ができる。これは統計を理解していくうえでとても重要になります。

もし、お子さん、あるいは将来のお子さんが偏差値のお世話になるようなことがあったら、ぜひ、ここで述べた知識を思い出して役立ててください。

4.3
一部のばらつきから全体のばらつきを求める

4.3.1 標本から母集団を推測するには

統計学とは、データのばらつきが偶然起こっているか否かを検討する学問です。単にグラフの形だけでは客観的にばらつきを証明できないので、各種の分布をかんたんに示す統計量を使います。統計量としての「平均」「分散」「標準偏差」の定義は、1.5節を参照してください。

ここまでは、大量のデータ、つまり母集団を対象に説明してきましたが、ここからは母集団から一部を抜き出した（サンプリングした）「標本」に話題が移ります。

標本でも分散と平均は重要な統計量です。「分散」は偏差平方の平均と定義されます。しかし、母集団の分散（母分散）は、「偏差平方和$/n$」で求めますが、標本の分散（不偏分散）は「偏差平方和$/(n-1)$」で求めます。なぜ、全体がn個なのに分散を求めるのに母集団ではnで割り、標本では$n-1$で割るか、はじめて学習する人は非常に奇異な印象を持つでしょう。

この「nで割るか$n-1$で割るか」で、統計の初心者の方は「なぜですか？」とつまずきます。そこで、実際にデータを生成し、母分散と不偏分散の違いを体験して理解し

ましょう。

　標本と母集団間での平均や分散の関係を知っておけば、母集団全部を相手にしなくても、標本から母集団がどのようなものか推測できます。ここからは実際のデータから、母集団と標本の違いを体験し、標本と母集団の関係を理解していきます。

4.3.2　データの準備

　あなたが教育産業に入った新人で、上司から「学生が50000人いる。その学生の学力を調べたいので調査してくれ」といわれたとします。その場合、あなたはどうしますか？

　調査会社の力を借りて結果を入手するのでなく、とにかく自分で調査をしなくてはならなくなったと考えてください。では、あなたは50000人全員のデータを集めて解析をしますか。データがExcelなどに未入力の状態だとすると、手でデータを入力するとしたら、かなり大変な作業になります。

　統計の世界では、母集団と標本という考えがあります。母集団は自分が考えている全体の集団です。今回のように50000人を対象に調査をするなら、「うまくデータを選べばその1/2でも、1/8でもいいのではないか」という発想が出てきます。母集団から無作為に抽出して数を少なくし、かつ母集団の特徴を反映した集団を「無作為抽出した標本」といい、実用上はこの標本を解析して母集団を推測します。

　実際には、データからくじ引きや乱数などの偶然性を利用して標本を抽出します。母集団から標本を抽出するには、無作為に抽出する**無作為抽出法**のほかに、母集団がいくつかのグループに分割されている状態で、各グループの特徴を考慮しながら抽出する**層化抽出法**と呼ばれる方法があります。たとえば、病院に来院する患者さんの年齢分布が、50歳までが4割、それ以上が6割であったとします。この場合に、50歳以下の標本が標本全体の4割、それ以上が6割になるように考慮して、患者さんを無作為に抽出するケースが該当します。ただ、本書では無作為抽出のケースのみを説明します。

　さて、無作為抽出の場合、「母集団と標本の平均と分散の関係はどうなっているのか」という問題が出てきます。実際に大量のデータをすべて調査することはなかなかできません。手間も費用もかかりますし、たとえば食品であれば、検査に母集団すべての商品を使ってしまうと、売るものがなくなってしまいます。また、同じように作成した商品も生産過程の微妙な条件でできあがりに差が生じる場合もあります。

　そこで、一般には母集団の一部を抜き出した標本をもとに、大量の母集団の統計量を推測します。つまり、入手できる標本の統計量をもとに、大量の母集団の統計量を推測し、比較検討しようというわけです。ことわざでいえば「一を聞いて十を知る」にあた

ります。あくまで母集団の統計量は分からない、という点がキーポイントです。

標本の平均と分散から母集団の平均と分散をうまく推測するにはどうしたらよいのでしょうか。統計学でよく出てくる「検定」という考えは、これが基本になっています。ここから、母集団と標本の関係を体験していきます。まず、解析をするうえで重要となる「分散」について学びましょう。

4.3.3 不偏分散と母分散の関係を体験する

自分が扱う n 個のデータを母集団とみなしたときの分散を**母分散**と呼びます。それに対して n 個のデータは母集団から一部を取り出した標本であると考えたとき、その分散は標本分散とは呼ばず、慣習的に**不偏分散**と呼びます。不偏分散とは母分散の不偏推定量、つまりより正確に推定する分散であるという意味です。

ここでは n 個の標準正規分布に従う乱数を用意して、その偏差平方和を n で割った母分散と $n-1$ で割った不偏分散を求め、どちらが理論的な分散に近いかを体験します。偏差平方和と分散については 1.5.3 項を参照してください。

1. 図 4.6 のような演習シート（**母分散と不偏分散.xlsx**）を用意します。標準正規分布に従うデータを 128 個、列 K から列 EH に用意してください。
2. 件数（セル G1）分だけ DEVSQ 関数で偏差平方和を求め、n で割った母分散列 I と、$n-1$ で割った不偏分散列 J で計算します。
3. 全部で 10000 件データを用意して、その分布をいつものようにグラフにします。

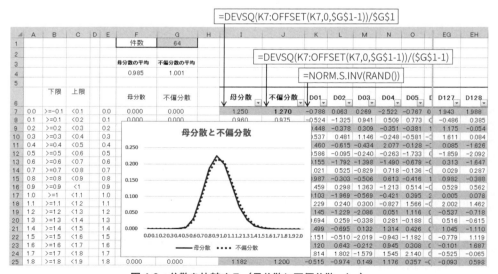

図 4.6　分散を比較する（母分散と不偏分散.xlsx）

4.3 一部のばらつきから全体のばらつきを求める

標準正規分布の平均は 0、分散は 1 ですから、母分散の平均（セル F4）と不偏分散の平均（セル G4）のどちらが 1 に近いか、また件数（セル G1）を変えると 2 つ分布の違いはどうなるかを観察してください。

表 4.1 セル・セル範囲・列の役割（母分散と不偏分散）

G1	標本の件数 n。
K7:EH10006	=NORM.S.INV(RAND()) で標準正規分布乱数を求める。
列 I	同じ行の右側にある列 K からの標準正規分布乱数 n 件分を対象とする。DEVSQ 関数で偏差平方和を求め、そのあと n で割って母分散を求める。
列 J	列 I と同様に偏差平方和を求め、そのあと $n-1$ で割って不偏分散を求める。
列 A	0.0 から 2.0 まで 0.1 刻みで数値を設定する。
列 B	列 A の値から 0.05 を引いた値を求める。計算誤差を考慮して ROUND(列 A の値 -0.05,2) で小数点第 1 位までの数値にする。その値を文字列 ">=" と結合して、集計する下限とする。
列 C	列 A の値に 0.05 を加えた値を求める。計算誤差を考慮して ROUND(列 A の値 +0.05,2) で小数点第 1 位までの数値にする。その値を文字列 "<" と結合して、集計する上限とする。
列 F	列 I の母分散の値、10000 件分を列 B の下限値、列 C の上限値をもとに COUNTIFS 関数を利用して集計する。
列 G	列 J の不偏分散の値、10000 件分を列 B の下限値、列 C の上限値をもとに COUNTIFS 関数を利用して集計する。
F4	列 I の母分散の分布の平均（列 F の数値の平均ではないことに注意）。
G4	列 J の不偏分散の分布の平均（列 F の数値の平均ではないことに注意）。

n を 32、64、128 にしたらどうなるでしょうか。最初の演習シートで件数に 32 と値を入れたあと、そのほかの値に変えて、同様の操作で図 4.7 の表を埋めてください。

	A	B	C	D	E
1					
2		N	母分散の平均	不偏分散の平均	
3		8			
4		16			
5		32			
6		64			
7		128			
8					

図 4.7 母分散と不偏分散の平均を比較する

私が行った試行の結果は、図 4.8 のようになりました。例数がどの場合も $n-1$ で割った不偏分散の値のほうが理論的な値の 1 に近くなっています。そして n の値が大きくなると、母分散の平均は理論的な値に近くなりました。

	N	母分散の平均	不偏分散の平均
	8	0.8796	1.0053
	16	0.9367	0.9991
	32	0.9657	0.9969
	64	0.9843	1.0000
	128	0.9917	0.9995

図 4.8　母分散と不偏分散の平均を比較した結果の一例

ここで用いた $n-1$ の値を**自由度**と呼び、データ数から制限条項（平均値の数など）を引いた値になります。かんたんに説明すると、n 個のデータがあり、すべての合計が分かっていれば、$n-1$ 個のデータが判明すれば残りは自動的に求まってしまう。つまり「$n-1$ 個で充分と考えて OK です」ということです。この自由度については、3.6.3 項でも説明しています。

4.3.4　分散の分布を体験する

作成した演習シートで、$n=8$ と $n=128$ で作成したグラフを比較してください（図 4.9、図 4.10）。グラフの形が異なっています。不偏分散の値と母分散の値の違いに注目していた読者の方も、n の数によって分散の分布自体が異なるとは考えたことがあったでしょうか。

筆者の私も、最初に演習シートを作って動かしたときは、なにか間違えたかな、と思いました。しかし、しばらくして、「そうだカイ 2 乗分布は分散の分布であった。あのグラフがこれに該当するのだ」と気が付きました（3.6 節）。カイ 2 乗分布のシートで、$n=8$ とするとほぼ同じ形のグラフが生成されます（正確には、カイ 2 乗分布のグラフは標準正規分布を 2 乗して n 個加えているので、横軸の値は変わります）。

数式で統計を理解してきた私も、変数の分布のグラフを作ってはじめて、「なるほど、カイ 2 乗分布のグラフと分散のグラフが同じ仕組みでできているのだな」と実感できました。手間はかかりますが、自分で演習シートを作って分布を体験する。これは統計を理解するうえで大事なことです。

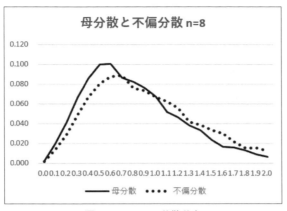

図 4.9　$n=8$ の分散分布

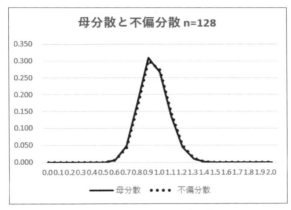

図 4.10　$n=128$ の分散分布

☑ 統計の難所、n と $n-1$

統計の学習をしていく際に、標本での分散を求めるために n で割ることと $n-1$ で割ることの差を、理論的に理解することは困難です。今回は、実際に正規分布に従うデータを発生し、標本の分散を求め、n と $n-1$ ではどちらが母分散に近いかを体験するというアプローチをとりました。

学習者が統計で行き詰まる難所の1つに、この n と $n-1$ の関係があります。みなさんは、これでこの難所を1つ、統計の分布を体験することでクリアして、「確かに自分で求めたら、標本の場合 $n-1$ で割ったほうが本当の値に近かったな」という大事な点を体験できたと思います。なお、例数が少ないときには求めた不偏分散に係数を掛けて修正するという方法もありますが、本書では大量のデータを扱っているので、不偏分散は $n-1$ で割る、という立場をとりました。

4.4
平均のばらつきを理解する―平均は 1 つだけではないの？

4.4.1　標本平均と母平均の関係

　これまでは母集団全体を対象に平均や分散を考え、「自分の成績が母集団の中でどの位置にあるか」ということを考えてきました。

　母集団の平均や分散が分かっていれば、標本平均が母平均とどの程度ずれているかを考えることができます。しかし、母分散の平均や分散が未知であれば、その差を考えることはできません。全体の分布が分からないのに「なにか比較をしろ」「自分の点数の位置を考えろ」というのが無理なのですが、それでは話が進みません。そこで「なんとか標本の分散から母集団の分散を推測して、いろいろな比較を行おう」という考えが生まれました。

　ここで、いくつかの点が問題になってきます。たとえば標本の平均のばらつきはどうなっているのでしょうか。また標本の平均の分布はどうなるでしょうか。これらの性質が明確になれば話を進められます。

　統計学では、この標本平均のばらつきを**大数の法則**で説明し、標本の平均の分布については**中心極限定理**で説明しています。本節では、標本から母集団を推測するときに重要なこの 2 つについて体験します。

4.4.2　大数の法則を体験する

　図 4.11、表 4.2 のような、標本平均を検討するシートを作成します。これは、列 K より右側に用意した標準正規分布に従う乱数を任意の件数（セル G1）だけ平均を求め、その結果を列 I に記録し、その分布がどうなるかを体験するシートです。標準正規分布の分散が 1 であるのに対して、標本の件数が変化するとはたして分散はどうなるでしょうか。標本平均の分散が大きいとは、標本平均から母平均を推測するのにかなり誤差が含まれることを意味します。もし、標本平均の分散が小さくなり、一点に集中するのなら、標本平均からかなり母平均を正しく推測できることになります。

　母分散と不偏分散を求めたシートを利用して、図 4.11 のような演習シートを用意します。この演習シートでは、標準正規分布に従うデータを 128 個、列 K：列 EH に用意して、それから件数（セル G1）分だけ AVERAGE 関数で平均を列 I に求めています。全部で 10000 件データを用意してその分布をいつものようにグラフにします。標準正規分布の平均と、標準正規分布の分布がどのように変わるかを観察してください。この

シートを**大数の法則.xlsx**として保存します。

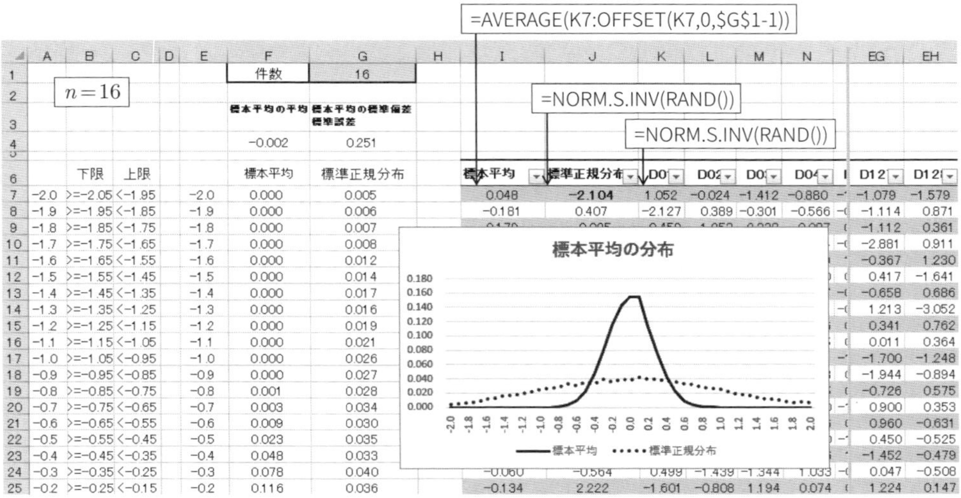

図 4.11　標本平均を検討する（$n=16$ のケース）

表 4.2　セル・セル範囲・列の役割（大数の法則）

G1	標本の件数 n。
K7:EH10006	=NORM.S.INV(RAND()) で標準正規分布乱数を求める。
列 I	同じ行の右側にある列 K 以降の標準正規分布乱数をセル G1 に示した n 個分を対象とし、それらの値の平均を AVERAGE 関数で求める。
列 J	標準正規分布乱数そのものを求める。
列 A	-2.0 から 2.0 まで 0.1 刻みで数値を設定する。
列 B	列 A の値から 0.05 を引いた値を求める。計算誤差を考慮して ROUND(列 A の値 -0.05,2) で小数点第 2 位までの数値にする。その値を文字列 ">=" と結合して、集計する下限とする。
列 C	列 A の値に 0.05 を加えた値を求める。計算誤差を考慮して ROUND(列 A の値 +0.05,2) で小数点第 2 位までの数値にする。その値を文字列 "<" と結合して、集計する上限とする。
列 F	列 I の標準正規分布 n 個の平均 10000 件分を、列 B の下限値、列 C の上限値をもとに COUNTIFS 関数を利用して集計する。
列 G	列 J の標準正規分布 10000 件分を、列 B の下限値、列 C の上限値をもとに COUNTIFS 関数を利用して集計する。
F4	列 I の標本平均の平均（列 F の数値の平均ではないことに注意）。
G4	列 J の標準正規分布の平均（列 G の数値の平均ではないことに注意）。

セル G1 で、件数として「2」「4」「8」「16」などを記入し、分布を観察します。ここで分布を求めるのが、標本平均と標準正規分布の 2 種類であることに注意してください。n を増加してグラフを作成すると正規分布の幅が狭くなる、つまり標準偏差が小さくなることが分かるでしょう。求めた結果から**図 4.12**のようなシートに値を記入して

ください。それと同時にグラフの形がどのように変化するかも観察してください。筆者が行った例では、図 4.12 のような値になりました。

N	標本平均の平均	標本平均の標準偏差 （標準誤差）
1	0.007	1.004
2	0.002	0.250
4	−0.006	0.495
8	−0.0012	0.3510
16	0.0016	0.2502

図 4.12　n の値を変えたときの標準誤差の例

この結果を見ると分かるように、n が 4 倍になると標準偏差は 1/2 となっています。平均値のばらつき、つまり標本平均の標準偏差は**標準誤差**（SE：Standard Error）と呼ばれます。標準誤差（SE）は、もとのデータの標準偏差（SD：Standard Deviation）と平均を求める標本の大きさ n から、次の式で表現されます。通常平均というと 1 つのみと考えがちですが、今回の結果は、標本から平均値を求めると常に標本誤差のばらつきがあることを意味しています。もとのデータの標準偏差が 1.0 ですから、図 4.12 でも次の関係が成立していることが分かります。

標本平均の標準偏差　$SE = \dfrac{SD}{\sqrt{n}} = \dfrac{\sigma}{\sqrt{n}}$

標準誤差は平均値の標準偏差なので、平均値の分散、つまり標準偏差の 2 乗はどうなるかも考えておきましょう。母分散を σ^2（σ は標準偏差になります）で表現すると、標本平均の分散は次の式で表現されます。

標本平均の分散 $= \dfrac{\sigma^2}{n}$

これは見方を変えると、標本平均の分散は標本数 n を大きくすると小さくできる、つまり、標本平均は n を大きくするとばらつき（分散）が少なくなり母平均に近づくことを意味しています。この関係は、**大数の法則**（low of large number）と呼ばれています。この、標本平均の分散を求めるには分散を n で割る、という形は今後あちらこちらで出てきます。

4.4.3 中心極限定理

ここまでは母集団が正規分布に従うときの話をしてきました。もし、母集団が正規分布でなければ、標本平均はどのような分布になるのでしょうか。その点も確かめてみましょう。

先の**大数の法則.xlsx**で、標準正規乱数を設定した128のセルに`=RAND()-0.5`という式を設定し、-0.5から0.5まで一様に分布する乱数を使って、前回と同様の演習を行います。すると**図4.13**のように、$n=4$の場合、平均0、標準偏差が0.145なる値になります。

実は0から1までの一様乱数の分散は$1/12$になることが知られているので、それから理論的な値を求めると0.1443となり、ほぼ一致していることが分かります（**中心極限定理.xlsx**）。

$$一様分布4個の平均の標準偏差 = \sqrt{\frac{1}{12} \times \frac{1}{\sqrt{4}}} = 0.1443$$

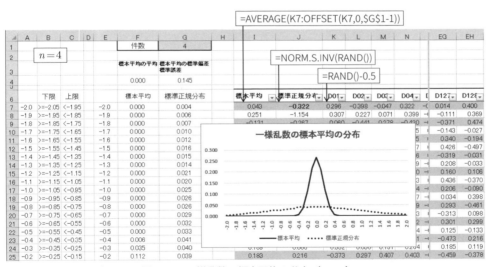

図4.13　一様乱数の標本平均の分布（$n=4$）

このように確率変数xが、母平均μと母分散σ^2を持つ分布に従うとき、これから無作為に抽出した大きさnの標本平均の分布はnが大きくなるにつれて母平均μ、母分散σ^2/nの正規分布に近づきます。これを**中心極限定理**と呼びます。

中心極限定理の素晴らしさは「もとの母集団がどのような分布をしていても、十分大きなnであれば、その平均値は正規分布とみなせる」、つまり「nが大きければその平

均値は正規分布とみなして考えても構わない」という点です。したがって、標本平均を用いて n が充分に大きい場合、かつ正規分布の性質を知っていれば、たいていの解析ができます。

ただし、もとの分布があまりにもゆがんでいれば、変数を対数変換したり、ノンパラメトリック検定（7.1節）を用いるなどの安全策を講じるのがよいでしょう。

> **統計に興味を持ってもらうには？**　　　　　　　　　　　　　　**COLUMN**
>
> 　大学で統計を教えていて、毎年行うデモンストレーションがあります。一様乱数を1000個程度、4列ほど用意しておいて、おのおのの分布を示したのち、「さあ、この4列の合計でグラフを描くとどのような分布になるだろう。あててみないか？」と持ちかけるのです。
>
> 　筆者は、一様乱数の合計は中心極限定理で正規分布になることを知っています。しかしほとんどの学生は、分布は平坦、へこむ、そこだけ突出するなどと答え、正規分布と答える学生はまずいません。
>
> 　そのあとで、「ほらどんな分布でもある程度合計すると正規分布になるのだよ」と説明すると、学生の興味はぐっと統計のほうに向いてきます。もし、授業を受け持たれている方がいたとしたら、この話題で学生の興味を惹き付けることをおすすめします。

4.4.4　平均に潜む誤差を考える

実際のデータの測定にあたっては、下記のような誤差が存在します。これらを考慮して各種の実験、測定を計画しなくてはなりません。

系統誤差

　測定対象とするものに、一定の誤差が含まれている場合です。いくつかの大学のクラスの身長を測定し、大学生全体の身長を考えるときに「対象となるクラスのいくつかが体育学部で大柄の選手が多く含まれていた」などの場合が該当します。あるいは、「測定に用いる身長計に狂いが生じていた」などの場合にも該当します。何回計測しても、実際の値よりは一定の狂いが生じています。

ランダム誤差

　身長を測るにしても、対象とする母集団すべてのデータを測定するわけにはいきません。何人か抜き出して平均を求めた場合、真の平均値の周辺にランダムに散らばるはずです。

平均値の標準誤差

　データをいくつか抜き出して計測した平均値は、真の平均値の周囲に分布し、そ

の分布は正規分布となります。この平均値の分布のばらつき、つまり平均値の標準偏差が、平均値の標準誤差（SE）です。標準誤差の概念に「平均値」の考えが含まれていることに注意してください。

私たちが頻繁に遭遇するのは、「母集団から標本を取り出してその平均を求め、対象とする母集団の平均値は変化したか否か判断せよ」といった話です。平均値を求めるといっても、抜き出すサンプルによって微妙にばらつきが生じます。一度ある値が求まっても、もう一度サンプルを取り出すとまた異なります。これは一種のランダム誤差ですから、抜き出した平均値は真の平均値のまわりに分布するはずです。ここで重要になるのが、平均値のばらつきである標準誤差です。

標本の平均値を求めたときに、ある標準誤差以上に変化したとしたら、やはりそれは変化があったとみなそうと考えるのが自然です。

ここで

$$\text{標本平均の標準偏差} \quad SE = \frac{SD}{\sqrt{n}} = \frac{\sigma}{\sqrt{n}}$$

から、標準偏差と標準誤差の関係が分かります。また、中心極限定理でもとの標本の分布がどうであれ、その平均値の分布は正規分布になります。もし正規分布であれば、これまで行った正規化の処理で、x がどの程度変化するかの確率が分かります。このように考えると、前もって決めておいた標準誤差以上に標本平均に変化が見られたら、偶然そのような変化が生じるとは考えにくいという立場をとることができ、自信を持って変化が生じたのだと主張できるはずです。この一連の考えは統計学的仮説検定（4.1 節）で詳しく述べたように、統計の検定をするうえでの基本的な考え方です。

通常の正規分布と、平均値の標準偏差である標準誤差のグラフは非常に似ています。しかし、その区別を明確にしておいてください。生のデータの分布なのか、抜き出した平均値の分布なのか。この違いがはっきり分かれば、この先の学習がかなり楽になります。

本節では、検定を行うときに重要になるが、あまり省みられることのない「大数の法則」と「中心極限定理」について説明しました。この 2 つのルールはおいおい役立ってきます。

4.5 t分布を体感する—少ない標本から母集団を考える

商品の検査を行う場合、片端から、すべて検査したら売りものがなくなってしまいます。このような場合、どうしても少ない数の標本から母集団を考えなくてはなりません。また、ビールやチーズなどの食品は、同じ方法で生産しても、いろいろな原因でロットにより平均や分散が異なってきます。そのため、どうしても少数の標本から母集団の分布を推定する必要が出てきます。

この問題に最初に取り組んだのが、イギリス人のゴセット（1876〜1937）です。彼はギネスブックで有名なギネス醸造所に勤務し、自分が観察するサンプルから全体を推定する仕事に取り組んでいました。そこで、正規分布をする母集団から取り出した標本の平均と分散から求められる分布は、**t分布**と呼ばれるもとの母集団と異なる分布になることを示しました。

ここでは擬似的な母集団を作り、標本の分布を調べます。本章を終える頃には、なかなか理解しにくいといわれている「t分布の概念」を、実践を通して理解できるようになっているでしょう。

4.5.1 標本の分布であるt分布を体感する

標本から母集団の分布をかんたんに推測できるでしょうか？

母集団の分散が分かっているときに、標本の分散を求めることは比較的かんたんです。しかし、母集団の分散が分かっていないときに、不偏分散から母集団を推測するとなにか不都合は生じないでしょうか。この点を確かめてみましょう。もし、うまく推測ができれば、自信を持って標本から母集団を推測できることになります。

母集団での分布が母平均μと母分散σ^2である正規分布に従っている変数から、n個ずつ無作為に標本を取り出します。このときの標本平均が母平均μと母分散σ^2/nの分布に従うことは、大数の法則より導かれます。ここで平均0、分散1になるように標本平均$\bar{X}$を標準化し、標準得点zを求めるには、次の式を用います。

$$z = \frac{\bar{X} - \mu}{\sqrt{\frac{\sigma^2}{n}}} = \frac{\bar{X} - \mu}{\frac{\sigma}{\sqrt{n}}}$$

ここで求めたzは標準正規分布に従うので、計算は容易に行えます。この式をよく見ると、標本平均から母平均を引き、標準偏差を標本数の平方根で除したもので割る、つまり標本平均から母平均を引き標準誤差で割っています。ここで問題になるのは、一般

的には母分散、母標準偏差が分からないという点です。

そこで、前述の式における σ の代わりに、母分散の推定値としての不偏分散 s^2 を用いた関数がどうなるかを見てみましょう。

$$t = \frac{\overline{X} - \mu}{\sqrt{\frac{s^2}{n}}} = \frac{\overline{X} - \mu}{\frac{s}{\sqrt{n}}}$$

実はこれは t 分布と呼ばれ、正規分布と微妙に異なる分布になります。ここでは、正規分布に従うデータを不偏分散で標準化したら、どのような分布になるかを体感します。

4.5.2 t 分布の演習シートの作成

大数の分布で使用したシートを改変し、図 4.14、表 4.3 のような演習シート（**t分布.xlsx**）を用意します。

1. 標準正規分布に従う乱数を用意しておき、そこから件数（セル G1）で指定した値だけ、標本平均（列 I）と不偏分散（列 J）を求めます。
2. $t = \dfrac{\overline{X} - \mu}{\sqrt{\frac{s^2}{n}}} = \dfrac{\overline{X} - \mu}{\frac{s}{\sqrt{n}}}$ の定義式に従って t 値を求め、その結果を列 F に記録します。
3. 2. の分布（セル範囲 F7:F37）を、理論的な標準正規分布（セル範囲 G7:G37）と比較します。

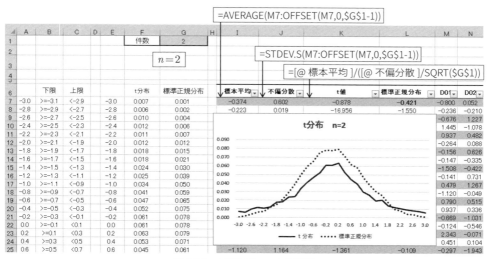

図 4.14　t 分布で $n=2$ の場合

表 4.3　セル・セル範囲・列の役割（t 分布）

G1	標本の件数 n。
M7:EJ10006	=NORM.S.INV(RAND()) で標準正規分布乱数を求める。
列 I	同じ行の右側にある列 M 以降の標準正規分布乱数 n 件分を対象として。AVERAGE 関数で平均を求める。
列 J	n 件の不偏分散を求める。
列 K	標本平均と不偏分散から、$\mu=0$ と考えて、=[@標本平均]/([@不偏分散]/SQRT($G$1)) で t 値を求める。
列 L	参考用に標準正規乱数を求める。
列 A	−3.0 から 3.0 まで 0.2 刻みで数値を設定する。
列 B	列 A の値から 0.1 を引いた値を求める。計算誤差を考慮して ROUND(列 A の値 −0.1,2) で小数点第 1 位までの数値にする。その値を文字列 ">=" と結合して、集計する下限とする。
列 C	列 A の値に 0.1 を加えた値を求める。計算誤差を考慮して ROUND(列 A の値 +0.1,2) で小数点第 1 位までの数値にする。その値を文字列 "<" と結合して、集計する上限とする。
列 F	列 K の 10000 件分の t 値を列 B の下限値、列 C の上限値をもとに COUNTIFS 関数を利用して集計する。
列 G	列 L の標準正規乱数 10000 件分を列 B の下限値、列 C の上限値をもとに COUNTIFS 関数を利用して集計する。

$n=4, 8, 16, 32$ と変えてみて、t 分布がどのような分布になるかを確認してください（図 4.15）。その際、t 分布が標準正規分布とどう異なるかに注目してください。

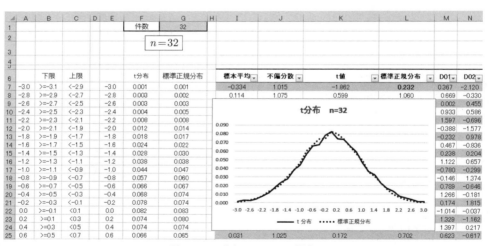

図 4.15　t 分布、$n=32$ の場合

n が小さいときの分布は、もとの標準正規分布と比較すると、少しつぶれて裾の部分の高さがやや大きい分布になっています。しかし、n が大きくなるにつれて標準正規分布に近い形になるのが分かります。つまり、「標本の n が小さいときは、それから求めた t 値は標準正規分布と異なる分布をする」ということであり、重要なポイントです。

t は自由度 $(n-1)$ の t 分布に従います。この t 分布は、ゴセットにより「母分散が未知の場合の標本平均の分布」として導かれたものです。自由度により形状が異なりますが、n が 30 以上になるとほぼ正規分布に近くなる特徴があります。

☑ t 分布と正規分布の関係

統計学を教えているときに、単に「t 分布の数式はこれ」といっても、学習する人にはなかなか理解できません。しかし、今回のように実際にデータを作り分布を求めてみると、正規分布と t 分布の形状の違いが実感できるはずです。

ところで、演習シートを作るときに、以下のように σ を s に置き換えると説明しました。

$$z = \frac{\bar{X} - \mu}{\sqrt{\frac{\sigma^2}{n}}} = \frac{\bar{X} - \mu}{\frac{\sigma}{\sqrt{n}}} \quad \rightarrow \quad t = \frac{\bar{X} - \mu}{\sqrt{\frac{s^2}{n}}} = \frac{\bar{X} - \mu}{\frac{s}{\sqrt{n}}}$$

標準正規分布の標準得点 z も、t 分布の t 値も、平均値を標準誤差で割っている点では同じような形になっていることが理解できたでしょうか。ここに気が付けば、まるで違うように見えた正規分布、t 分布が親戚関係になっていることが理解できるでしょう。

通常、平均値の比較で標本の数が少ないときは、t 分布を利用した t 検定を行います。標準正規分布と t 分布が近い関係にあることを把握できれば、次に学習する複雑な t 検定の公式も楽に理解できるようになります。

4.6 2つの平均の和と差の分布—違う2つが1つになって

4.6.1 統計学のくせもの、t 検定

統計の世界では、処理群とコントロール群の平均の比較をしたいケースが数多くあります。この問題に対しては、帰無仮説を用いて「2 群の母集団の平均が異なっていない」という仮説を立てるところから話を始めます。そのような平均値の比較の問題には、t 検定で検討をします。

しかし、この t 検定がくせものです。複雑な式を使うため、理解することが非常に困難です。筆者の経験では、多くの人は t 検定の学習で落ちこぼれて統計嫌いになるようです。

頭の中では「2 つの平均値の比較をする」と考えますが、よく考えると標本の平均値ですから、標本を求めるごとに平均もばらつくはずです。そうなると、母集団から標本を抽出して平均の差を求めた場合

① 2つの標本の平均値の差の分布はどうなるか？
② それはなにかの確率密度関数になるか？
③ そうであれば、2つの標本の平均値が偶然にずれる確率はどの程度か分かるのではないか？

といった疑問が生じます。ここからしばらくの間は、単なるデータの分布ではなく、2つの標本の平均値の比較をどのように考えるかについて学習します。本節は、統計学で数多く扱われる t 検定を、基礎から理解していきます。

4.6.2 平均の差の性質を理解する

「2群の平均を比較する」とは、平均の差の分布を検討することです。あなたが2グループのデータからおのおのの平均値を求めて比較する場合、普通は2つの平均値の比較をすると考えますが、統計学的に考えると少々話は異なります。

2群の平均を比較するため、筆者の専門の医療管理の話を例にします。

A病院とB病院の外来患者さんの年齢を比較すると考えてください。それぞれ100人ずつランダムに、その日の患者さんを選んで年齢の平均値を求めたとします。

単純に考えると、「片方の病院の患者さんの年齢がどれくらい大きい」と表現してしまいがちです。しかし落ち着いて考えると、2つの病院における100人の患者さんの平均年齢は、日々微妙に異なるはずです。とはいえ、ある値の周辺に分布はするでしょう。これを理論的に考えてみます。

最初に標本 X の平均値を $\bar{X}$、標本 Y の平均値を $\bar{Y}$ で表現します。この標本を抜き出す作業を繰り返すと、標本平均がいくつも求まります。そこで、平均値全体に対する期待値（平均）を求めて、それを $E(\bar{X}), E(\bar{Y})$ で表現します。この場合、X の平均値から Y の平均値を引いたものの期待値は、次のように表現されます。

$$E(\bar{X} - \bar{Y}) = E(\bar{X}) - E(\bar{Y})$$

標本平均の差と和の分散は、標本が無作為に抽出されて互いに独立している場合、次のようにおのおのの分散の和になります。

$$V(\bar{X} - \bar{Y}) = V(\bar{X}) + V(\bar{Y})$$
$$V(\bar{X} + \bar{Y}) = V(\bar{X}) + V(\bar{Y})$$

このことは、正規分布する2つの組の差をとれば、近いときもあるし離れたときもあるため、分散は和になると直感的には理解できます。しかし、大学で授業をしていると「なんで分散の差が分散の和になるのか」と毎年質問されます。そこで、いつものよう

4.6.3 演習シートで標本平均を体験する

標本平均の分散の和と差を調べるために、**大数の法則.xlsx** をもとに作り変えた、図 4.16、表 4.4 のような演習シート（**標本平均の和と差.xlsx**）を用意します。

1. 標準正規分布に従うデータを 128 個準備します。
2. 件数（セル G1）で指定した数だけ、標本の平均を 2 種類求め、それとともに、標本平均の差と和を求めます。
3. 求めた 4 種類のデータを集計し、それらがどのような分布になるかを体験します。

これにより、標本の平均の和と差はどのような分布になるかが理解できます。

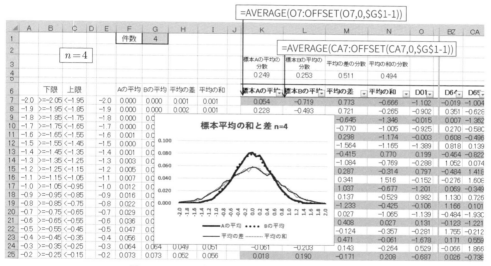

図 4.16　2 つの標本平均の和と差（$n=4$ の場合）

$n=4$ の場合、標本平均の和と差の分散は 0.5 程度です。グラフをよく見ると、標本 A と標本 B の平均の分布はほぼ同じになっています。これは、標準正規分布に従う A と B の標本から平均をとったものの分布は、やはり正規分布であることを意味しています。グラフをよく見ると、標本平均の差と標本平均の和は、ピークの高さが低くなり少し横に広がった形になっています。これは、両者の分散の値が増加していることを意味します。

第 4 章 標本を比較する

表 4.4 セル・セル範囲・列の役割（標本平均）

G1	標本の件数 n。
O7:EL10006	=NORM.S.INV(RAND()) で標準正規分布乱数を 128 列 10000 行求める。
列 K	1 番目の値である列 O から標準正規分布乱数 n 件分を対象に AVERAGE 関数で平均を求める。
列 L	65 番目の値である列 CA から標準正規分布乱数 n 件分を対象に AVERAGE 関数で平均を求める。
列 M	列 K と列 L の値を使い標本平均の差を求める。
列 N	列 K と列 L の値を使い標本平均の和を求める。
列 A	-2.0 から 2.0 まで 0.1 刻みで数値を設定する。
列 B	列 A の値から 0.05 を引いた値を求める。計算誤差を考慮して ROUND(列 A の値 $-0.05,2$) で小数点第 2 位までの数値にする。その値を文字列 ">=" と結合して、集計する下限とする。
列 C	列 A の値に 0.05 を加えた値を求める。計算誤差を考慮して ROUND(列 A の値 $+0.05,2$) で小数点第 2 位までの数値にする。その値を文字列 "<" と結合して、集計する上限とする。
列 F	列 K の 10000 件分の標本平均を列 B の下限値、列 C の上限値をもとに COUNTIFS 関数を利用して集計する。
列 G	列 L の 10000 件分の標本平均を列 B の下限値、列 C の上限値をもとに COUNTIFS 関数を利用して集計する。
列 H	列 M の標本平均の差 10000 件分を列 B の下限値、列 C の上限値をもとに COUNTIFS 関数を利用して集計する。
列 I	列 N の標本平均の和 10000 件分を列 B の下限値、列 C の上限値をもとに COUNTIFS 関数を利用して集計する。
K4:N4	2 つの標本平均と、標本平均の差、標本平均の和の分散を求める。

次に、$n=4$ から $n=16$ にすると、グラフの幅が狭くなります。分散は小さくなり、0.125 に近い値になっています。つまり n が 4 倍になって、分散は $1/\sqrt{n}$ の値になりました（図 4.17）。

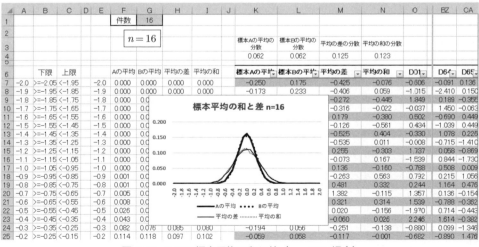

図 4.17 2 つの標本平均の和と差（$n=16$ の場合）

では、数値の上で標本平均の和と差の分散がどうなっているかを確かめてみましょう。再度、図 4.17 のセル範囲 K4:N4 の値を見てください。ここに示される標本 A の平均、標本 B の平均、標本平均の差、標本平均の和のおのおのの分散を見ると

$$V(\bar{X} - \bar{Y}) = V(\bar{X}) + V(\bar{Y})$$
$$V(\bar{X} + \bar{Y}) = V(\bar{X}) + V(\bar{Y})$$

の式がほぼ成り立っていることがよく分かります。

いわれただけでは理解しにくい、「平均の差の分散は、おのおのの分散の和になる現象」がグラフにより体験できました。この性質を利用すると、標本平均の差の検定である t 検定の概念が、かなり楽に理解できます。

4.7 2つの標本平均を考える—t 検定

4.7.1 数式の意味を理解する

ここから 2 つの標本の平均の比較に話を移します。この比較は、先に行った平均の差の分布を検討することに注目してください。以前、データが正規分布となる場合、どのような正規分布も標準正規分布に変換できるので、標準得点 z の位置により、その位置以上をとる確率を求めることができたことを思い出してください。

母集団の分布が正規分布と仮定できれば、平均と標準偏差を用いて分布を標準正規分布に変換できます。この標準得点 z が標準正規分布に従うことを利用した検定のことを **z 検定**と呼びます。また、標本の平均値の標準偏差は、大数の法則で母集団の標準偏差を標本の件数の平方根で割った値になりますので、次の関係が成り立ちます。

$$z \text{ 検定の考え方} \quad z = \frac{\text{母集団の平均値} - \text{標本平均}}{\frac{\text{母集団の標準偏差}}{\sqrt{\text{標本の件数}}}}$$

正規分布に従う乱数の作成に使っている NORM.S.INV 関数は、標準正規分布の累積分布関数の逆関数の値を求めます。そこで NORM.S.INV(0.025) と NORM.S.INV(0.975) の値を求めれば、標準正規分布に従うグラフの面積の 95% がどの範囲にあたるかが求まります。その値を実際に求めると、$z = \pm 1.96$ となります。つまり $z = \pm 1.96$ の間に全体の 95% が入ることを利用して、標本平均が母平均と等しいかどうかを検定できます。

日本の学生、児童の体格などは、母集団の平均値、標準偏差が公的な資料で前もって分かっています。そこで母平均、母分散が明確な場合、一部の標本の平均を検討する際にこのような z 検定を用います。

今度は2つの標本と母集団の関係を考えましょう。母集団から抜き出した標本の平均値は、中心極限定理より分布は正規分布になり、2つの標本平均の差もやはり正規分布となりました。平均の差の分布が正規分布と仮定できるので、平均の差と平均の差の標準偏差（標準誤差）を用いれば、次のような式で z 検定と同じような検定ができるはずです。

$$t\text{検定の考え方} \quad t = \frac{\text{平均の差}}{\text{平均の差の標準偏差 (SE)}}$$

ここで、分母部分の「平均の差の標準偏差」を求めるために「2つの普遍分散をもとに共通の普遍分散を推定する」という少々複雑な処理を行うと、統計の初歩で必ず行う次の t 検定の公式の基本的な考え方が求まります。

$$t = \frac{\bar{X} - \bar{Y}}{\sqrt{\frac{(n-1)s_x^2 + (m-1)s_y^2}{n+m-2}\left(\frac{1}{n} + \frac{1}{m}\right)}}$$
$$= \frac{\bar{X} - \bar{Y}}{s \times \sqrt{\left(\frac{1}{n} + \frac{1}{m}\right)}}$$

しかし、この式の意味は初心者にとっては非常に分かりにくいものです。そこでこの t 検定の式の意味を解明してみましょう。

Step1　分母を考える

先ほどの式の分母部分が「平均の差の標準偏差」というからには、標準偏差を求めなくてはなりません。しかし、通常は母集団の分布の統計量は分からないので、母集団の標準偏差の推定をするには、標本の標準偏差からその推定を行わなければなりません。

ここで、標本の不偏分散を s_x^2, s_y^2 とし、母分散を σ_x^2, σ_y^2 とし、母集団から抜き出した標本数をおのおの n, m とすると、大数の法則より次の式が成り立ちます。前述のとおり、大数の法則は

$$\text{標本平均の分散} = \frac{\sigma^2}{n}$$

となります。そして

$$V(\bar{X}-\bar{Y}) = V(\bar{X}) + V(\bar{Y}) = \frac{\sigma_x^2}{n} + \frac{\sigma_y^2}{m}$$

となります。つまり平均の差の分散を、母分散から求めるわけです。ここで2群の分散が等しく σ ($\sigma_x = \sigma_y = \sigma$) であると仮定すると、次の関係が成り立ちます。

$$V(\bar{X}-\bar{Y}) = \sigma^2 \left(\frac{1}{n} + \frac{1}{m}\right)$$

また、2群の分散が等しくない場合でも、$n=m$ の場合、次の関係が成り立ちます。ここまではとくに問題はありませんね。

$$V(\bar{X}-\bar{Y}) = \frac{\sigma_x^2 + \sigma_y^2}{n}$$

この式の左辺は平均の差の分散ですから、平方根をとると平均の差の標準偏差、つまり平均の差の標準誤差（SE）そのものになります。ですから、求めたいと考えていた

$$\frac{平均の差}{平均の差の標準偏差（SE）}$$

の分母部分は、$V(\bar{X}-\bar{Y})$ を求めればよいことになります。しかし、母分散の σ_x^2, σ_y^2 が未知ですので、なんらかの工夫をしてこれを求めなくてはなりません。

なお、標準誤差とは、正式には不偏推定量の標準偏差と定義されますが、本書では標本平均の標準偏差、つまり標本平均の標準誤差の意味で用います。

Step2　平均の差の標準誤差（SE）を求める

ここで少し大まかに考えましょう。

平均の差の標準誤差を求める場合、標本の分散から母集団の分散を推定することを考えます。これは上記の母分散の σ^2 を不偏分散 s^2 で置き換える、つまり σ^2 を s^2 で推定することになり、次のように書き直した式になります。

$$V(\bar{X}-\bar{Y}) = \sigma^2 \left(\frac{1}{n} + \frac{1}{m}\right) = s^2 \left(\frac{1}{n} + \frac{1}{m}\right)$$

以前、不偏分散を求める際に、不偏分散が母分散の推定量になることを体験しました（4.3節）。そこで、s_x と s_y から両者の平均にあたる s を求める方法を考えます。

不偏分散を求めるのに、母分散を標本の個数から1を引いた値で割ったことを思い出すと、s_x より s_x の母分散を求め、s_y より s_y の母分散を求め、両者の個数をもとに不偏分散を推定すれば、s_x と s_y から両者に共通の s を求められることになります。

それを式で表現すると次のようになります。

$$s^2 = \frac{(n-1)s_x^2 + (m-1)s_y^2}{n+m-2}$$

この式の分子の最初の項、$(n-1)s_x^2$ は不偏分散から X の母分散を推定し、2番目の項の $(m-1)s_y^2$ は Y の母分散の項の推定をして両者を足します。そのあと、分母において母分散の推定値から不偏分散を求めるために $(n-1)+(m-2)=n+m-2$ で割っています。つまり2種類のデータを一緒にして、共通に使える不偏分散を求めているのです。

発想を転換すると、基本は標本数が等しい場合の

$$標準偏差 \quad \mathrm{SE} = \sqrt{V(\bar{X}-\bar{Y})} = \sqrt{\frac{s_x^2+s_y^2}{n}}$$

の関係であり、n で割っているのは大数の法則の関係です。これを、標本数が等しくなく、かつ詳しい推定を行うため詳しい計算をする、と考えてもよいでしょう。参考までに、これまでの内容から標本平均の差の分散は次のようにいろいろな形をとることを示しておきます。$1/n$ と $1/m$ を用いるのは、繰り返しますが大数の法則のためです。

$$\begin{aligned}
\mathrm{SE} &= \sqrt{V(\bar{X}-\bar{Y})} \\
&= \sqrt{\sigma^2\left(\frac{1}{n}+\frac{1}{m}\right)} \\
&= \sqrt{s^2\left(\frac{1}{n}+\frac{1}{m}\right)} \\
&= \sqrt{\frac{(n-1)s_x^2+(m-1)s_y^2}{n+m-2}\left(\frac{1}{n}+\frac{1}{m}\right)} \\
&= \sqrt{\frac{(n-1)s_x^2+(m-1)s_y^2}{n+m-2}\frac{n+m}{nm}}
\end{aligned}$$

Step3 標準誤差（SE）を用いて平均の差を検討する

これまでの処理で標本の標準誤差（SE）が求まりました。そして、母集団のデータを扱う場合は

$$z = \frac{平均値}{標準偏差}$$

の式を用いたことから、標本より求めた平均の差を扱う場合は

$$t = \frac{\text{平均の差}}{\text{平均の差の標準偏差（標準偏差SE）}}$$

を用いて検定を行うと考えます。この関係を次のように記述して、この値が自由度 $(n+m-2)$ の t 分布に従うことを利用して検定を行います。

$$t = \frac{\bar{X} - \bar{Y}}{\sqrt{\frac{(n-1)s_x^2 + (m-1)s_y^2}{n+m-2}\left(\frac{1}{n}+\frac{1}{m}\right)}}$$
$$= \frac{\bar{X} - \bar{Y}}{S \times \sqrt{\left(\frac{1}{n}+\frac{1}{m}\right)}}$$

この t 分布を用いて検定を行う方法を **t 検定**といいます。最終的には、この t 値が t 分布の中でとる上側確率を求めて検定を行います。

Excel では T.DIST 関数で、t 値と自由度から p 値が求められます。この t 値を表す式にいくつかバリエーションがあり、s_x^2 を v_x^2 で表現するなどいくつもの表現があるため、初心者には非常に分かりにくくなっています。

多くの統計の教科書では、t 検定の定義の複雑な式を示して「これでやってください」の一言で終わってしまい「なぜこうなるか？」という説明はまずされていません。これでは、とても学習者は納得できません。

本項の説明で、少し理解を深めていただけたかと思います。

4.7.2 演習シートで t 検定を体験する

標準正規分布に従うデータを 2 つ用意し、おのおのの個数を調整すると t 値がどのような分布になるかを体験しましょう（図 4.18、表 4.5）。

1. セル範囲 S7:EP10006 に用意した標準正規分布に従うデータ（標本 A、標本 B）に対して、おのおの別々に件数（セル範囲 G2:H2）を指定し、不偏分散（列 N：列 O）を求めます。
2. 両者をもとにした不偏分散の推定量（列 P）を計算し、標準誤差にあたる部分（列 Q）を求めます。
3. 標本平均の差（列 M）をもとに t 値（列 R）を求め、その結果を記録し分布をグラフにします（**二群の差と変位.xlsx**）。

第4章 標本を比較する

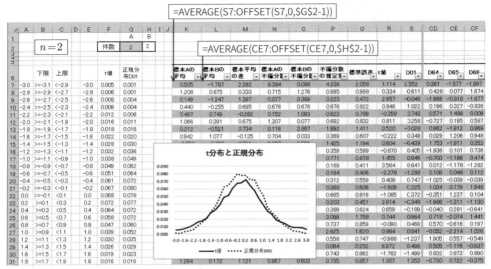

図 4.18　平均の差の検討

表 4.5　セル・セル範囲・列の役割（t 検定）

G2:H2	標本平均を求める件数を A、B おのおので指定する。
S7:EP10006	標本 A、標本 B として =NORM.S.INV(RAND()) で標準正規分布に従う乱数を、128 列の 10000 行分に貼り付ける。
列 K	標本 A の平均として =AVERAGE(S7:OFFSET(S7,0,$G$2-1)) で標本平均を求める。
列 L	標本 B の平均として =AVERAGE(CE7:OFFSET(CE7,0,$H$2-1)) で標本平均を求める。
列 M	標本平均の差として列 K と列 L の差を求める。
列 N	=VAR.S(S7:OFFSET(S7,0,$G$2-1)) で A の不偏分散を求める。
列 O	=VAR.S(CE7:OFFSET(CE7,0,$H$2-1)) で B の不偏分散を求める
列 P	=(($G$2-1)*[@標本 A の不偏分散]+(($H$2-1)*[@標本 B の不偏分散]))/($G$2+$H$2-2) で不偏分散の推定量 $s^2 = \dfrac{(n-1)s_x^2 + (m-1)s_y^2}{n+m-2}$ を求める。
列 Q	=SQRT([@不偏分散の推定量]*($G$2+$H$2)/($G$2*$H$2)) で $\mathrm{SE} = \sqrt{\dfrac{(n-1)s_x^2 + (m-1)s_y^2}{n+m-2} \dfrac{n+m}{nm}}$ を求める。
列 R	=[@標本平均の差]/[@標準誤差] で $$t = \dfrac{\bar{X} - \bar{Y}}{\sqrt{\dfrac{(n-1)s_x^2 + (m-1)s_y^2}{n+m-2}\left(\dfrac{1}{n}+\dfrac{1}{m}\right)}} = \dfrac{\bar{X} - \bar{Y}}{s \times \sqrt{\left(\dfrac{1}{n}+\dfrac{1}{m}\right)}}$$ の t 値を求める。最後に t 値についてこれまでのようにグラフを作成する。

図 4.18 に示した例では、$n = m = 2$ ですが、求めた値が正規分布よりずれた t 値に従っていることが分かります。しかし、n, m を大きくすると次第に正規分布に近い分布になることを確認してください。

　ここまで、なにかと複雑な表現である t 検定の定義を解説しました。しかし、数式を各部分に分けて解説すると、ここまでの知識で理解できることが分かったでしょう。これで複雑怪奇な t 検定の理論がかなり理解できたと思います。

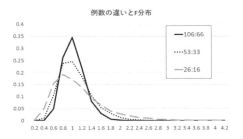

第5章
違いを考える

　統計を学びたい人は、自分の抱える問題をどのように解決するかを知りたいはずです。単に手法のみが分かればよいと思って嫌々勉強していると、いつまでたっても統計嫌いは直りません。

　そのため本章では、筆者が集めた身近なデータを対象に解説していきます。これらの演習で解析の実例を学べば、自分が抱える統計学的問題を解く実践力を入手できるでしょう。

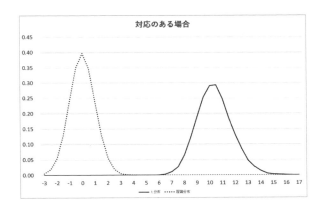

5.1 検定手法を選ぶには？

検定手法には、「t検定」「カイ2乗検定」「F検定」などいろいろの手法があり、初心者の方はどのように検定方法を選べばよいか分かりません。しかし、統計手法をかんたんに選ぶ方法があります。

本節では、データの種類と性質から、かんたんに統計手法を選ぶ秘訣を解説します。

5.1.1　データの種類と性質を押さえよう

変数にはいくつかの種類があり、その種類に合わせて統計解析をすればよいのです。正確には、変数の尺度と対応の有無で統計手法が決まります。

データは、**質的データ**と**量的データ**に分かれます。質的データには**名義尺度**と**順序尺度**があり、量的データには**間隔尺度**と**比例尺度**があります。これらの尺度の意味をかんたんに紹介します。

■名義尺度―色、位置、模様などを置き換えた数字

名義尺度は**類別尺度**ともいい、データの区別のみに意味があるものです。

例としては「性別」「国籍」「人種」「色」「模様」「都道府県」などがあげられます。数字を割りあてて分類しても、数字の違いは種類の違いであり、数字の大小に意味はありません。平均値、中央値、標準偏差、すべて意味を持ちません。

■順序尺度―順序を表現した数字

順序尺度は、データの大小、または順位の方向が想定できる尺度です。

つまり変数の順序のみに意味があるもので、「満足度」「不満足度」「競技の着順」「各種のスケール」などは、ここに入ります。順序尺度では平均値、標準偏差は意味を持たず、中央値のみが意味を持ちます。

たとえば、運動会の順位（1位、2位、3位、…）や等級（1級、2級、3級、…）などは順序尺度です。また、アンケートで好き嫌いを質問して、大嫌いを「-1」、嫌いを「0」、好きを「1」、大好きを「2」として回答したものも順序尺度にあたります。

順序尺度では、1と2や2と3の間隔が等しいとはいえないので、好き(1) の2倍が大好き(2) にはなりません。この順序尺度の数値の平均を出そうと思えば計算はできますが、意味はありません。代わりに中央値が意味を持ちます。

なお、心理学や教育学に関わるある種の調査研究では、便宜上、順序尺度のデータを間隔尺度とみなしてデータ解析を行うことがあります。検定手法を選ぶときは注意して

ください。

■間隔尺度—温度やテストの点などの数字

通常の数値の変数です。学校のテストの点数はある意味で順序尺度ですが、通常は間隔尺度や比例尺度として扱います。

「身長」「体重」「温度」「各種の検査結果」などが該当し、平均値、中央値、標準偏差が意味を持ちます。間隔尺度は、方向性あるいは順序性に加えて、個々のデータの間に等間隔が保証されている尺度です。この間隔尺度は、平均値を算出したり、標準偏差を検討したりするなど、ほとんどの統計量を算出することが可能となり、利用の幅が広がります。

統計量として、平均値も中央値も最頻値も意味があります。間隔尺度変数に適用できる分析手法は、比例尺度変数に対しても使用できます。

■比例尺度—ゼロ以上の数字で表す身長や時間、速度の数字

比例尺度は、等間隔に加えて、ゼロを基点とすることができる尺度です。たとえば、「時間」「速度」などにマイナスはありません。この尺度では、比率を考えることができます。

たとえば、「身長」「体重」などは、ゼロや負の値をとらないので、比例尺度としてデータそのものが意味を持っています。長さでいえば、110 cmは100 cmより10 cm、あるいは10% 長く、200 cmは50 cmの4倍だということには意味があります。

統計のほとんどは比例尺度を中心に組み立てられており、間隔尺度変数に対して使用できる分析手法は、比例尺度変数に対しても使用できます。本書では、間隔尺度と比例尺度を同じ分類として扱い、「間隔・比例尺度」と表現します。

■例題

下記の変数がどの尺度にあたるかを考えてください。

①住所
②年齢
③職業
④満足度
⑤経験年数

■解答

①と③は名義尺度、②と⑤は間隔・比例尺度、④は順序尺度です。
複数の順序尺度を足し合わせたものは、数値の範囲も広がって正規分布に近くなる性

質があり、間隔・比例尺度として扱われるケースがほとんどです。「なぜ正規分布になるのか」は、4.4.3項の中心極限定理を参照してください。

5.1.2 変数の対応

統計の世界では、比較する対象が別々の2群の場合は**対応がない**といい、同一群だが条件を変えて2回測定を行って、その差を検討するような場合を**対応がある**といいます。

1.3節では、「町での体重」と「本当の体重」という変数を用いました。単にそれぞれの平均を比較してもよいのですが、両者の差を求めて平均をとれば、全体として「体重を多めに伝えるか、少なめに伝えるか」という、より詳細な情報が求められます。つまり、同一人物に対して2回測定を行い、その差を求めれば、個人内の差は除去できて正確な変化が検討できるのです。変数に「対応がある」とは、かんたんにいうと、「同じ内容で2回測定を行うこと」と考えてください。

■例題
下記の内容は対応があるでしょうか？

　①同一人物での左右の握力差
　②同一人物での商品の説明前後の購買意欲の変化
　③勤務に対する自己評価と上司の評価

■解答
①と②は対応があります。③は同一人物ではありませんが、同じ内容を2種類の視点で見るので対応があると考えます。

5.1.3 検定手法の選び方

これらの変数の尺度と対応をもとに統計解析の手法を分類すると**表5.1**のようになり、どの手法を選べばよいか自動的に決まります。統計の初心者の方は、表に網をかけてある解析のみを押さえて、ほかの手法はもう少ししてから使用を検討してください。

なお、間隔・比例尺度で変数の分布が正規分布とみなせない場合は、順序尺度として解析をします。

また、4段階の順序尺度の満足度を、4種類の類別尺度として解析することも可能です。

このように、変数の尺度を1つ下のもの（表5.1でいえば左隣）に落として解析して

表 5.1　統計手法の選択法

	名義尺度	順序尺度 (間隔・比例変数でも正規分布と仮定できない場合)	間隔・比例尺度 (正規分布と仮定できる場合)
1試料	2項検定法 1試料カイ2乗検定法	Kolmogorov-Smirnov の1試料検定法 1試料連検定法	正規分布による検定法 1試料 t 検定法
独立2試料	Fisher の直接確率検定法 2試料カイ2乗検定法	Mann-Whitney の U 検定法 (Wilcoxon の順位和検定法) 2試料中央値検定法 Kolmogorov-Smirnov の2試料検定法 2試料連検定法 Moses の検定法	対応のない t 検定法
対応2試料	McNemar の検定法	Wilcoxon の符号付順位和検定法 符号検定法	対応のある t 検定法
独立多試料	多試料カイ2乗検定法	Kruskal-Wallis の検定法 多試料中央値検定法	1元配置分散分析法 2水準の比較の諸法
対応多試料	Cochran の Q 検定法	Friedmann の検定法	繰り返しのない2元配置分散分析法 繰り返しのある2元配置分散分析法

※ Mann-Whitney の U 検定法と Wilcoxon の順位和検定報は本質的には同じものである。

も構いませんが、それに応じて情報が失われます。そのため、群の間の差が検出しにくくなるという欠点があります。

　本書では表 5.1 に示した手法に関連して、t 検定を行う前に必要な検定を、次の順に解説します。

① F 検定
② 独立2資料 t 検定
③ 対応2資料 t 検定
④ 2試料カイ2乗検定
⑤ 1試料カイ2乗検定
⑥ McNemar（マクネマー）検定
⑦ Mann-Whitney（マン・ホイットニー）の U 検定
⑧ Wilcoxon（ウィルコクソン）の符号付順位和検定

　また、解析手法の解説をするだけでなく、演習シートの作成、関数ではなくオーソドックスな手法での対応、複雑な公式の演習シートでの理解、などいくつかの試みをして、読者の方がより内容を理解できるように工夫しました。

統計嫌いを克服するために

統計嫌いの方には、「どのような手法を選ぶか分からないから嫌いになった」という方も多いようです。本節で説明した変数の尺度と対応を理解し、かつ手元に上記の表を置いておけば、この先で統計手法の選び方に迷うことはなくなります。それとともに、表 5.1 に網をかけて示した 8 種類（本質的には 7 種類）の統計手法だけを大まかに理解しておいてください。あとは、実際の解析時に本書を開いて、再度検討してください。

5.2 等分散の検定

平均値の差の検定として頻繁に使われる t 検定は、2 群の分散が等しいか否かでその計算のしかたが異なります。本節では、頻繁に行われる t 検定の前に必ず実施する、等分散の検定をいろいろな角度から学びます。

2 つの群が**等分散**になるのは、同じような母集団から無作為に 2 つの群を取り出した場合です。等分散でないとは、全体から万遍なく無作為にデータを取り出すのでなく、一部のみ固まって取り出したような状態です。たとえていえば、よく切ったトランプから 10 枚抜き出すのでなく、順番に並んでいるトランプから大きい順に 10 枚抜き出すようなものです。3.7.1 項でも触れましたね。

t 分布の公式の分母では、2 つの不偏分散から共通の不偏分散を求めていました。しかし、2 群の分散が異なると、共通の不偏分散を求めるのに大きな狂いが生じます。そのため、等分散の検定は t 検定を行う前の段階で行うケースが大半です。

ここでは、t 検定の前に必ず行う等分散の検定（**F 検定**）を体験します。F 分布が自由度 u_1, u_2 によってどのように分布が変わるかは、3.7 節の「F 分布を考える」を読み直してください。

5.2.1　BMI のばらつき

1.3 節で使用した「看護師の現実と理想の BMI」を例題に解説していきましょう（**看護師の現実と理想の BMI.xlsx**）。グラフを作成すると、**図 5.1** のような関係が得られました。

ここでは、「a. 20-30代現実のBMI」「b. 20-30代理想のBMI」「c. 40-50代現実のBMI」「d. 40-50代理想のBMI」から取り出した2組のデータの比較を考え、「現実のBMI」より「理想のBMI」の値が小さいのか、それは年代によっても同様な傾向が見られるか、を検討してみます。

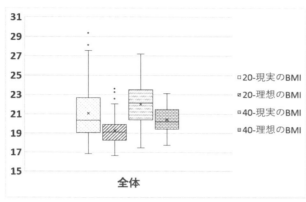

図 5.1　BMI の分布

なお、「a–b, c–d」の組み合わせは対応のある t 検定になり、この場合は、等分散の検定は必要がないとされています。「a–c, b–d」の組み合わせが、現実的に意味のある組み合わせです。「b–c, a–d」の組み合わせも理論的にありえますが、あまり意味があるとは思えないので、「a–c, b–d」の組み合わせのみを考えます。

■オーソドックスに等分散の検定を行う方法

単純な等分散の検定は、後述する F.TEST 関数で求められます。しかし、計算の過程で、データの特徴という大事な情報が分からなくなってしまいます。

そこで、最初は関数を使って分散を求めて、そこからどのような情報が得られるかを考えましょう。これは、生のデータから求めた分散と自由度をもとに、F 検定を行う方法です。

すでに用いたデータから、VAR.S 関数で分散（不偏分散）を、AVERAGE 関数で平均を、COUNT 関数で件数を求め、図 5.2 のような値（セル範囲 A2:E7）を求めます。それとともに、分散比が 1 以上になるように求めます。なお、図 5.2 のファイルは配布しておりません。

	A	B	C	D	E
1					
2		20-30現実	20-30理想	40-50現実	40-50理想
3	平均	21.09	19.27	21.99	20.41
4	分散	7.18	1.96	5.22	2.04
5	標準偏差	2.68	1.40	2.28	1.43
6	件数	106	106	66	66
7	自由度	105	105	65	65
8					
9					
10					
11		20-30現実 vs.40-50現実			20-30理想 vs.40-50現実
12	分散比	1.37		分散比	2.67
13	上側確率	0.08	=F.DIST.RT(B12,B7,D7)	上側確率	3.60E-06
14	両側確率	0.17	=1-ABS(2*B13-1)	両側確率	7.20E-06
15					
16					
17		20-30理想 vs.40-50理想			20-30現実 vs.40-50理想
18	分散比	1.04		分散比	3.52
19	上側確率	0.42	=F.DIST.RT(B18,E7,C7)	上側確率	9.65E-08
20	両側確率	0.84	=1-ABS(2*B19-1)	両側確率	1.93E-07

図 5.2　年代ごとの現実と理想の BMI

　ここで、「20-30 現実 vs. 40-50 現実」の分散比 1.37（セル B12）は、セル B4 とセル D4 の値 7.18/5.22 で求めています。セル B13 に示す 0.08 は F.DIST.RT 関数（6.1.4 項）で求めます。これは、正規分布における累積密度関数の F 分布版と考えてください。

　かんたんにいうと、2 種類の自由度から決まる F 分布の確率密度関数において、ある分散比の上側確率、つまり、ある分散比より大きい部分の F 分布の確率密度関数の面積を戻します。そして、その値を両側確率に直すため、=1-ABS(2*B13-1) という計算を行っています。

　この式は F.DIST.RT 関数の結果が 0.5 以上でも 0.5 以下でも正しい値を戻すための工夫です。この場合、両側確率（セル B14）が 0.17 で 0.05 より大きい値を示していますので、2 群の分散は等しいという仮説を棄却できません。つまり両者の分散は等しいとみなせますので通常の t 検定を行えます。

　「20-30 理想 vs. 40-50 理想」の分散比（セル B18）に注目してください。分散比は一般に 1 より大きくなるように設定するので、2.04/1.96 で分散比 1.04 を求めています。このケースでも両側確率は 0.84 と大きな値になるので、この場合、2 群の分散は等しいという仮説を棄却できません。つまり両者の分散は等しいとみなせますので、通常の t 検定を行います。

　しかし、かんたんに考えると、なにも両側確率を求めなくても、分散比が 1 に近いということは両者の分散がかなり近いことを意味していますので、ほぼ等分散とみなせるだろうと予測できます。試しに、「20-30 理想 vs. 40-50 現実」に対して等分散の検定を行うと、分散比 = 2.67 となり、上側確率、両側確率とも 3.5982E-06、7.1964E-06 とな

ります。

　ここで E-01 は 1/10、E-02 は 1/100 ですから、非常に小さい値となりめったに生じないことが生じたと考え、2群の分散が等しいという仮説を棄却します。グラフを見ると、「40-50 現実の BMI」のデータのばらつきは、「20-30 理想の BMI」のデータのばらつきの中に入っているように見えます。

　同様に「20-30 現実 vs. 40-50 理想」の組み合わせの分散比（セル F18）は 3.52 と大きく、両側確率は 1.93E-07（セル F20）と小さな値をとっています。グラフを見ると、「40-50 理想の BMI」のデータのばらつきは「20-30 現実の BMI」の中に入っているなどの重要な情報を得られます。

■ F.TEST 関数で等分散の検定を求める方法

　Excel では、等分散の検定に特化した F.TEST 関数が用意されています。これを用いると、よりかんたんに等分散の検定が行えます。この場合、分散比が 1 以上になるような配慮をする必要もありません。

　図 5.3 の例、つまり**看護師の現実と理想の BMI.xlsx** のデータの例では、すでに生のデータのある列 A、列 C に対して =F.TEST(A3:A108,C3:C68) と指定するだけで等分散の検定の結果が求まります。確かに F.TEST 関数は便利ですが、各群の分散の程度を把握できません。実際のデータの分散の程度を得ることは重要な情報ですから、大量のデータ解析ではともかく、初心者の方は地道に分散比を求めてから等分散の検定を行うことを強くおすすめします。なお、図 5.3 のファイルは配布しておりません。

F.TEST 関数

F.TEST(配列1,配列2)

　F 検定の結果、つまり、配列 1 と配列 2 とのデータのばらつきに有意な差が認められない両側確率を返します。この関数を使用すると、2 組のサンプルを比較してばらつきに差異があるかどうかを判断できます。たとえば、公立高校と私立高校の生徒のテストの点数を調べ、これらの高校の間でテストの点数のばらつきに差異があるかどうかを判断できます。

配列 1　　必ず指定します。比較対象となる一方のデータを含む配列またはセル範囲を指定します。

配列 2　　必ず指定します。比較対象となるもう一方のデータを含む配列またはセル範囲を指定します。

第5章 違いを考える

	A	B	C	D	E	F	G	H	I	J	K	L	M
1													
2	20-30代現実のBMI	20-30代理想のBMI	40-50代現実のBMI	40-50代理想のBMI		20-30現実.vs.40-50現実					20-30理想.vs.40-50現実		
3	27.55	22.04	23.31	20.81		0.17	=F.TEST(A3:A108,C3:C68)				7.20.E-06		
4	21.21	18.61	19.40	20.13									
5	20.34	19.48	19.65	18.37									
6	20.34	19.48	21.64	19.48		20-30理想.vs.40-50理想					20-30現実.vs.40-50理想		
7	17.89	18.87	25.59	22.58		0.84	=F.TEST(B3:B108,D3:D68)				1.93.E-07		
8	22.60	19.31	20.55	18.49									
9	21.10	20.28	23.92	22.64									
102	22.43	21.23											
103	18.20	17.80											
104	20.03	18.83											
105	17.22	18.03											
106	19.56	18.73											
107	23.83	19.53											
108	22.72	20.28											
109													
110													

図 5.3　F.TEST 関数の使用例

■演習シートで F 分布を確かめる

以前作成した F 分布のシートを改良して、u_1 が 106 個、u_2 が 66 個までの分散比を求めるようにして、その分布を見てみましょう（**改良した F 分布のシート.xlsx**）。

表 5.2　セル・セル範囲・列の役割（改良した F 分布のシート）

列 L : 列 DM	u_1 用に 106 列確保し、標準正規分布の 2 乗を設定する。
列 DN : 列 GA	u_2 用に 66 列確保し、標準正規分布の 2 乗を設定する。
列 I	=SUM(L6:OFFSET(L6,0,$G$1-1)) でセル G1 で指定した数の列数の合計を求める。
列 J	=SUM(DN6:OFFSET(DN6,0,$G$2-1)) でセル G2 で指定した列数の列の合計を求める。
列 K	=([@u1 の和]/$G$1)/([@u2 の和]/$G$2) で分散比を求める。

これらの設定をもとに、再度 F 分布のグラフを描くと、**図 5.4** のようになります。その結果、分散比は 1.3 の近傍にピークがあるので、1.3 から極端に離れる値が少ないということが分かります。

F 分布が 106:66 ではなくて、セル範囲 G1:G2 の値を 53:33 もしくは 26:16 にした場合、つまり自由度が変化するとグラフがどうなるかを試してください。その結果を**図 5.5** と**図 5.6** に示します。

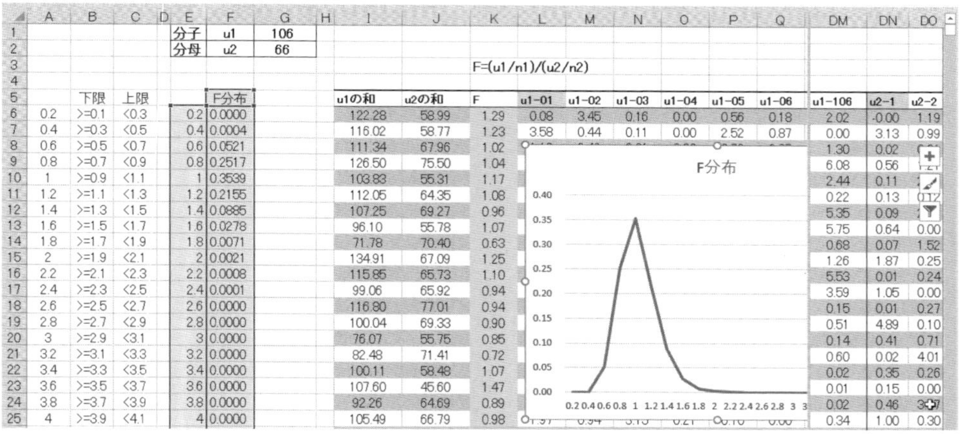

5.2 等分散の検定

[Excel シートの画像]

図 5.4　演習シートによる F 分布の体験

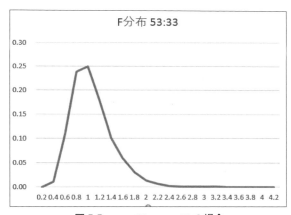

図 5.5　$n_1=53$、$n_2=33$ の場合

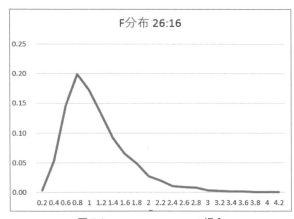

図 5.6　$n_1=26$、$n_2=16$ の場合

しかし、単一のグラフを見るだけでは、ピークが左にずれることは分かりますが、それぞれの関係がよく分かりません。そこで、106:66、53:33、26:16 の3種類のグラフを同時に描いてみます（**図 5.7**）。

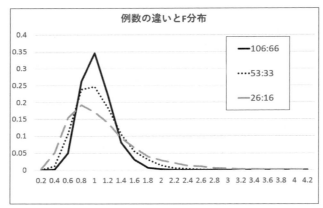

図 5.7　例数を変えた場合の F 分布

> **体験によって納得する瞬間**　　　　　　　　　　　　　　　　**COLUMN**
>
> 　余談ですが、筆者も「F 分布は自由度によってその形が変化する」と知ってはいましたが、別々に3種類のグラフを描いても、その相互関係は分かりませんでした。「しょうがないな、1つのグラフにまとめよう」と考えて作業した結果が、図 5.7 のグラフです。「あっ、こうなるんだ。ピークが左にずれると同時に高さが低くなるのだ。なるほど」と驚きました。つまり、知識として知っていた事柄を、分布をグラフ化してはじめて体験できた瞬間でした。
>
> 　読者の方も、自分で分子、分母とも n が同じだったらどうなるか、分子、分母の n が極端に異なるとどうなるか、などを体験して統計分布に対する感覚を身につけてください。

☑ 手間を惜しむと情報が消える？

　2群の平均値の比較をする t 検定の前段階に必要な、等分散の検定（F 検定）の演習を行いました。F.TEST 関数を用いるとかんたんに等分散の検定を行えますが、対象とする2群がどのようなばらつきをしているか、という重要な情報が欠けてしまいます。もし F.TEST 関数を用いるときは、せめてグラフでデータの分布を明らかにしてください。手間を惜しんで大事な情報も省いてしまっては、本末転倒になってしまいます。

　また、F 分布の形状と自由度 u_1, u_2 の関係は、3.7 節の「F 分布を考える」を拡張して、その関係を示しました。確率分布に従う数値を生成して、その分布のグラフを作成

し、統計に対する感覚を身につけてください。

5.3 t 検定

2 群の平均値が等しいか否かを検討する手法である t 検定は、検定手法の基本です。この検定は T.TEST 関数でかんたんに出せますが、実際の生のデータや集計表からも正しく t 検定ができるようにしておけば便利です。ここでは、いろいろな手法で t 検定を実施します。

5.3.1 t 検定をオーソドックスに行う方法

本項ではオーソドックスに、平均と不偏分散を用いて t 検定を行います。初心者の方は平均、不偏分散を求め、もとのデータはどのような関係になっているかを考えながら t 検定を体験してください。

前節で検討した、等分散と認められた理想と現実の BMI の組に対して、対応のない t 検定を行います（図 5.8、**検定をオーソドックスに行う.xlsx**）。各セルの数式は図に記載されている数式を参照してください。s^2 などの複雑な数式の意味は、4.5 節を参照してください。

	A	B	C	D	E	F
1						
2		20-30現実	20-30理想	40-50現実	40-50理想	
3	平均	21.09	19.27	21.99	20.41	
4	分散	7.18	1.96	5.22	2.04	
5	標準偏差	2.68	1.40	2.28	1.43	
6	件数	106	106	66	66	
7	自由度	105	105	65	65	
8						
9		20-30現実.vs.40-50現実				20-30理想.vs.40-50理想
10						
11	S_x^2	7.18	=B4			1.96
12	1/n	0.01	=1/B6			0.01
13	S_y^2	5.22	=D4			2.04
14	1/m	0.02	=1/D6			0.02
15	s^2	6.50	=(B7*B4+D7*D4)/(B7+D7-2)			2.01
16	標本平均の差X-Y	-0.90	=B3-D3			-1.14
17	標準誤差の項	0.40	=SQRT(B15)*SQRT(B12+B14)			0.22
18	t_0	-2.26	=B16/B17			-5.14
19	p	0.03	=T.DIST(B18,(B7+D7-2),false)			0.00

$$s^2 = \frac{(n-1)s_x^2 + (m-1)s_y^2}{n+m-2}$$

$$t = \frac{\overline{X} - \overline{Y}}{s\sqrt{\dfrac{1}{n}+\dfrac{1}{m}}}$$

図 5.8　t 検定をオーソドックスに行う

ここで、図 5.8 において、「筆者が頭の中でどのように考えながら計算して大事な情報を得たか」を参考までに示しておきます。なお、ここでは両側検定を想定して、T.DIST.RT 関数でなく T.DIST 関数を用いました。

- s_x^2：2 乗の形をとっているけれど、これは標本から求めた不偏分散。上の表の分散を参照すればいいだろう。s_y^2 も同じ処理でよい。s_x^2 の分散のほうが大きいとは 20-30 代の人のほうが体型のばらつきが大きいのかな。一度、BMI でなく体重のデータを見直すべきかもしれないな。
- $1/n, 1/m$：逆数だからこれは単純に計算しておこう。
- s^2：計算式は複雑だが、2 種類の分散から両者を合わせた分散を求めているわけだ。今回はデータの数が多いから s_x^2 と s_y^2 の中間に近いはずだ。
- 標本平均の差 $\bar{X} - \bar{Y}$：2 つの平均の差で、よく勘違いするところだな。2 つの標本の平均の差の分布が重要なわけだ。
- 標準誤差の項：s^2 の形でルートの中に入れて計算してもよいが、まあそのまま計算しておこう。
- t_0：これは上述の 2 つの割り算。最初から絶対値を ABS 関数で求めてもよいか、今は単純に求めておこう。おや -2.26 になったか。正規分布の 5% 点が 1.96 だから絶対値はそれより大きいな。つまり 5% の危険率で有意差がありそうだ。
- p：T.DIST 関数は、関数形式の記入に注意がいるな。でも通常は 2 の両側でいいはずだ。なるほど、T.DIST 関数で $p = 0.03$ となったか。これは両側検定だな。先ほどの推理は合っていたな。

私はこのような思考過程を経て解析をしています。これらの解説が皆さんの参考になれば幸いです。

なお、t 値から片側検定のみを考えるときは、T.DIST.RT 関数を用います。どのように使えばよいか、考えてみてください。

T.DIST 関数

T.DIST(X, 自由度, 関数形式)

スチューデントの左側 t 分布の値を返します。t 分布は、比較的少数の標本からなるデータを対象に仮説検定を行うときに使われます。この関数は、t 分布表の代わりに使用することができます。

| X | 必ず指定します。t 分布を計算する数値を指定します。 |

| 自由度 | 必ず指定します。分布の自由度を整数で指定します。 |

| 関数形式 | 必ず指定します。計算に使用する関数の形式を論理値で指定します。関数形式に TRUE を指定すると累積分布関数の値が計算され、FALSE を指定すると確率密度関数の値が計算されます。 |

後述する T.TEST 関数は、t 検定を即座に行いますが、先ほど紹介したような思考過程はたどれません。思考過程を追ってもらうと分かりますが、もとのデータに対していろいろな角度から検討を加えているため、あらたなアイデアの発見に結びつく可能性もあります。ある意味で、自分で考察しながら解析をしないと、宝の山を見逃してしまうのです。

5.3.2　t 検定を T.TEST 関数で行う

　生のデータが手元にある場合は、T.TEST 関数を用いて t 検定を行うのがかんたんです。これは t 分布の確率密度関数において、ある t 値より大きい部分の t 分布の確率密度関数の面積、つまり確率を戻します。

T.TEST 関数

T.TEST(配列1,配列2,尾部,検定の種類)

　スチューデントの t 検定における確率を返します。T.TEST 関数を利用すると、2 つの標本が平均値の等しい母集団から取り出されたものであるかどうかを、確率的に予測することができます。

配列 1	必ず指定します。対象となる一方のデータ。
配列 2	必ず指定します。対象となるもう一方のデータ。
尾部	必ず指定します。片側分布を計算するか、両側分布を計算するかを、数値で指定します。尾部に 1 を指定すると片側分布の値が計算されます。尾部に 2 を指定すると両側分布の値が計算されます。
検定の種類	必ず指定します。実行する t 検定の種類を数値で指定します。 　　1　対をなすデータの t 検定 　　2　等分散の 2 標本を対象とする t 検定 　　3　非等分散の 2 標本を対象とする t 検定

　これまで用いてきた BMI のデータについて

第 5 章　違いを考える

- 通常の t 検定：20-30 現実 vs. 40-50 現実、20-30 理想 vs. 40-50 理想
- 対をなすデータの t 検定：20-30 現実 vs. 20-30 理想
- Welch（ウェルチ）の検定：20-30 理想 vs. 40-50 現実

の 3 種類の検定を行った結果を、図 5.9 に示します。もとのデータは、1.3 節で使用したものです。

Welch の検定については 5.3.6 項で説明します。

	A	B	C	D	E	F	G	H
1								
2	20-30代現実のBMI	20-30代理想のBMI	40-50代現実のBMI	40-50代理想のBMI			等分散の2標本を対象とするt検定	
3	27.55	22.04	23.31	20.81			20-30現実 vs. 40-50現実	
4	21.21	18.61	19.4	20.13			0.0245	=T.TEST(A3:A108,C3:C68,2,2)
5	20.34	19.48	19.65	18.37				
6	20.34	19.48	21.64	19.48			等分散の2標本を対象とするt検定	
7	17.89	18.87	25.59	22.58			20-30理想 vs. 40-50理想	
8	22.6	19.31	20.55	18.49			6.58E-07	=T.TEST(B3:B108,D3:D68,2,2)
9	21.1	20.28	23.92	22.64				
10	23.83	18.9	24.24	23.01			対をなすデータのt検定	
11	24.77	21.34	23.5	21.36			20-30現実 vs. 20-30理想	
12	24.54	20.45	23.73	21.64			2.95E-19	=T.TEST(A3:A108,B3:B108,2,1)
13	21.15	19.65	20.77	19.78				
14	20.23	19.23	21.23	19.23			非等分散の2標本を対象とするt検定（Welchの検定）	
15	19.34	17.58	23.44	21.48			20-30理想 vs. 40-50現実	
16	17.53	18.29	22.67	20.89			8.82E-14	=T.TEST(B3:B108,C3:C68,2,3)
17	20.11	19.16	20.22	19.56				

図 5.9　T.TEST 関数の利用例

5.3.3　演習シートで対応のない t 検定を体験する

以前作成した F 分布のシートを参考にして、u_1 が 106 個、u_2 が 66 個のデータを用いて、対応のない場合の t 値を求めて分布を見てみましょう（**対応のない t 検定を体験する.xlsx**、表 5.3）。

表 5.3　セル・セル範囲・列の役割（対応のない t 検定）

F1:G4	「t 検定をオーソドックスに行う」のシートより、20-30 代現実を X、40-50 代現実を Y として、平均、標準偏差、件数を入力する。
列 S：列 DT	$F$2 の平均と $F$3 の標準偏差をもとに、=NORM.S.INV(RAND())*$F$3+$F$2 で、20-30 代現実の分布に従う、正規分布乱数を生成し、列 S：列 DT の 106 列に値を設定する。
列 DU：列 GH	$G$2 の平均と $G$3 の標準偏差をもとに、=NORM.S.INV(RAND())*$G$3+$G$2 の式で、40-50 代現実の分布に従う正規分布乱数を生成し、列 DU：列 GK の 56 列に値を設定する。
列 I	=AVERAGE(S6:OFFSET(S6,0,$F$4-1)) で、$F$4 で指定した数の列数の平均を求める。
列 J	=AVERAGE(DU6:OFFSET(DU6,0,$G$4-1)) で、$G$4 で指定した列数の列の平均を求める。
列 K	=VAR.S((S6:OFFSET(S6,0,$F$4-1))) で不偏分散を求める。

表 5.3（つづき）

列 L	=1/$F$4 で t 検定の公式で用いる $1/n$ の値を求める。
列 M	=VAR.S(DU6:OFFSET(DU6,0,$G$4-1)) で不偏分散を求める。
列 N	=1/$G$4 で t 検定の公式で用いる $1/m$ の値を求める。
列 O	=(($F$4-1)*[@Sx2]+($G$4-1)*[@Sy2])/($F$4+$G$4-2) で t 検定の公式の分母の前半分（共通の分散）を求める。
列 P	=[@X の平均]-[@Y の平均] で標本平均 X と標本平均 Y の差を求める。
列 Q	=SQRT([@S])*SQRT([@[1/n]]+[@[1/m]]) で、t 検定の公式の分母（標準誤差）を求める。
列 R	=([@[X-Y]])/[@ 標準誤差] で t 値を求める。
列 F	これまでと同じように =COUNTIFS($R$6:$R$10005,B6,$R$6:$R$10005,C6)/10000 で分布を求める。
列 G	=T.DIST(E6,$F$4+$G$4-2,FALSE)*0.2 で、自由度 $F$4+$G$4-2 の t 分布の値を求める。なお、階級値を 0.2 間隔にしたので求めた値に 0.2 を掛けて、列 F の値とグラフの大きさを一致させる。

これらの設定をもとに再度グラフを描くと、図 5.10 のようになります。筆者も今まで理論としては理解していましたが、平均の差をとって正規化して分布を求めると t 分布になることが、グラフを描画することで実感できました。t 分布が正規分布と異なることを体験したいときは、セル F4 の 106 とセル G4 の 66 をより小さい値にしてください。

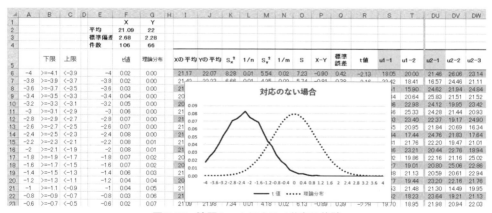

図 5.10　演習シートによる t 分布の体験

5.3.4　対応のある t 検定

対応のある t 検定は、「なにかの知識を調べるテストの得点が授業の前後で変化があるかどうか」「右手と左手の握力差」「同じ人で現実の BMI と理想の BMI の比較をする場合」など、同じものを 2 回見るケースなどに用います。もし前後で変化がなければ、

同一人物の測定値の差は 0 の近傍に分布するはずですし、もし変化があれば、測定値の差は変化するはずです。

2 回の測定値 X と Y に対応がある場合、一組の測定値 X_i, Y_i の差を $d_i = X_i - Y_i$ として、n 組についてこの標本平均を求めると

$$\bar{d} = \frac{1}{n}\sum_{i=1}^{n} d_i = \bar{X} - \bar{Y}$$

となります。

これを用いた

$$t_0 = \frac{\bar{d}}{\sqrt{\frac{1}{n}\sum_{i=1}^{n}(d_i - \bar{d})^2}/\sqrt{n}} = \frac{\bar{d}}{\frac{s_d}{\sqrt{n}}}$$

が、自由度 $(n-1)$ の t 分布に従うことを利用して検定を行います。ここで、分母の s_d は x_{Ai} と x_{Bi} の差の標準偏差です。

一見すると数式が複雑に思えますが、よく見ると、2 群の差の平均、2 群の差の標準偏差、およびデータの件数さえ分かれば、かんたんに求められることに気が付きます。

この検定はオーソドックスに求めてもよいのですが、生データがある場合には、`T.TEST` 関数で、「検定の種類 = 1」を指定して検定を行うと手間がかかりません。

5.3.5 演習シートで対応のある t 検定を体験する

5.3.2 項で用いた「図 5.9 T.TEST 関数の利用例」に示した「40-50 代現実の BMI」と「40-50 代理想の BMI」の差について平均、標準偏差、件数を求めました。その結果、平均 1.58、標準偏差 1.25、件数 66 となりました。それに従う正規分布乱数を 66 件生成し、演習シート（**対応のある t 検定を体験する.xlsx**）で解析します。

表 5.4　セル・セル範囲・列の役割（対応のある t 検定）

列 L：列 BY	$F$2 の平均と $F$3 の標準偏差、つまり平均 1.58、標準偏差 1.25 をもとに、=NORM.S.INV(RAND())*$F$3+$F$2 で、「40-50 代理想」と「40-50 代現実」の 2 つのデータの差（d_i）の分布に従う正規分布乱数を求める。
列 I	2 つのデータの差（d_i）について、=AVERAGE(N6:OFFSET(N6,0,$F$4-1)) で、$F$4 で指定した列数の平均を求める。
列 J	=STDEV.S(L6:OFFSET(L6,0,$F$4-1))/SQRT($F$4) で対応のある t 検定の公式の分母部分を求める。
列 K	=[@ 平均の差]/[@di の標準偏差 / √n]] で t 分布の値を求める。
列 F	これまでと同じように =COUNTIFS(テーブル 1[t 分布],B6, テーブル 1[t 分布],C6)/10000 で分布を求める。

表 5.4（つづき）

| 列 G | =T.DIST(E6,$F$4,FALSE) で、自由度 $F$4 の t 分布の値を求める。必要であれば、値に適宜 0.5, 0.2 などを掛けて、求めた t 分布の値と理論分布のグラフが同じくらいの高さになるように調整する。 |

これらの設定をもとに再度グラフを描くと、図 5.11 のようになります。

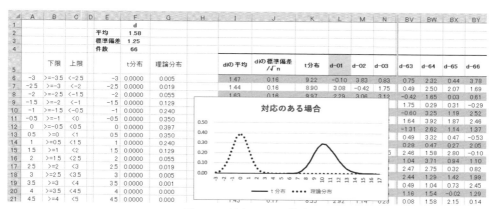

図 5.11 対応のある t 検定

件数を「11、22、33、66」と変えるとどうなるか、また、平均や標準偏差を変えるとどうなるか、自分で確かめてください。

このグラフは、対応のある t 検定で必要な例数を計算するとき、「例数を増やす」「差の平均を大きくする」「標準偏差を小さくする」の 3 点をどのように扱えばよいか、ということを体験して理解するのに使えます。

5.3.6 Welch の検定をオーソドックスに行う方法

すでに説明した等分散性の検定により 2 つの標本が、それぞれが属する母集団の母分散が等しいといえない場合、**Welch（ウェルチ）の検定**を行います。この Welch の検定は、通常の t 検定において自由度を小数部分まで求めて、より詳しい検定を行うものと考えてください。

標本集団 A、B の分散を s_x^2, s_y^2 とし、標本数を n, m とすると次に示す t_0 は自由度 Φ の t 分布をします。これを利用して検定を行うのが Welch の検定です。

$$t_0 = \frac{(\bar{X} - \bar{Y})}{\sqrt{\frac{s_x^2}{n} + \frac{s_y^2}{m}}}$$

$$\Phi = \frac{\left(\frac{s_x^2}{n} + \frac{s_y^2}{m}\right)^2}{\left(\frac{1}{\frac{1}{(n-1)}\left(\frac{s_x^2}{n}\right)^2}\right) + \left(\frac{1}{\frac{1}{(m-1)}\left(\frac{s_y^2}{m}\right)^2}\right)}$$

しかし、この計算を Excel で地道に計算するのはかなり大変です。5.3.2 項で述べたように、T.TEST 関数を用いて求めるほうがかんたんですので、Excel で Welch の検定を求める方法は省略します。

t 検定は検定の基本手法の1つです。単に数式だけでは理解しにくい t 検定も、演習シートを作る過程で、その仕組みが体験できて理解しやすくなったことでしょう。

5.4 カイ2乗検定の演習

5.4.1 独立性の検定とあてはまりのよさの検定

分割表に対して、カイ2乗検定で、いろいろな角度からアプローチができます。本節では代表的なカイ2乗検定の問題として、独立性の検定と、あてはまりのよさの検定（1試料カイ2乗検定ともいう）の2つを取り上げます。

独立性の検定（2試料カイ2乗検定ともいう）とは、求めたアンケートの回答をいくつかのグループ、たとえば、「男性、女性」あるいは「子ども、大人」などに分けたとき、グループごとの度数分布が理論的な度数分布と異なるかを調べるときに有効な方法です。

あてはまりのよさの検定（1試料カイ2乗検定ともいう）とは、求めたデータの度数分布がなんらかの理論分布、あるいは前もって分かっている分布にあてはまるかを検討したいときに有効な方法です。

また特殊なケースですが、対応のある類別尺度の検定である McNemar（マクネマー）検定も取り上げます。なお、独立性の検定は見方を変えて**関連性の検定**という場合もありますが、同じことです。

5.4.2 【例題】独立性の検定―イッキ飲み経験の有無と年代の関係

独立性の検定とは、類別尺度の変数が2種類あるいはそれ以上あって、独立した試料の間で各変数に属する試料の比率に有意な差があるか否かを検討するものです。

図 5.12 は、ある年に、18歳から49歳まで男女を対象に「過去1年間のお酒のイッキ飲み経験の有無」を質問したものです。

毎年4月になると、新大学生や新社会人がお酒のイッキ飲みで命を落としたというニュースを耳にします。本書の初版が出た2003年からこの第2版が出るまでの間にも、イッキ飲みのせいで命が失われる悲しい事件が発生しています。

本項で例として扱うアンケートは、イッキ飲みに関係する事件発生を防ぐことを目的として、イッキ飲みがどんな条件で行われやすいかを調べています。未成年者が飲酒を強要されていないかの調査も兼ねて、未成年の学生も対象としました。今回は、このデータを使って、「イッキ飲み経験の有無と年代の間に関連が見られるか」を検討します（**イッキ飲み経験の有無と年代の関係.xlsx**）。

帰無仮説 H_0：イッキ飲み経験の有無と年代の間に関連が見られない
対立仮説 H_1：イッキ飲み経験の有無と年代の間に関連が見られる

	A	B	C	D	E	F	G
1							
2							
3							
4	男		18-22	23-29	30-39	40-49	合計
5		イッキをした	133	32	29	25	219
6		イッキをしていない	175	39	71	131	416
7		合計	308	71	100	156	635
8							
9							
10	女		18-22	23-29	30-39	40-49	合計
11		実測値：イッキをした	54	52	25	17	148
12		実測値：イッキをしていない	375	140	161	302	978
13		合計	429	192	186	319	1126
14							

図 5.12　性別、年代別のイッキ飲み経験の有無

単なる表では変数の相互関係が把握しにくいので、一度、グラフを作成してみましょう（図 5.13、図 5.14）。

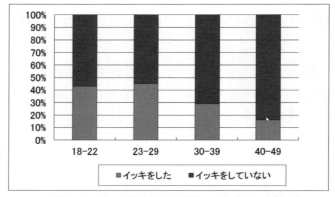

図 5.13　イッキ飲みをした男性の、年代別の人数

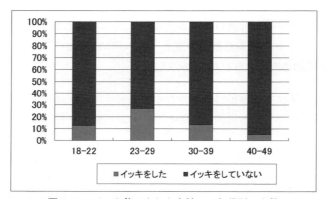

図 5.14　イッキ飲みをした女性の、年代別の人数

　この結果から、男性では 30 歳以下、女性では 23 〜 29 歳で、イッキ飲みをした方が多い傾向が読み取れます。

　さらに男女別に、年代別とイッキ飲みの有無に関連性があるかどうかカイ 2 乗検定で検討してみましょう。この例は 2×4 の表ですので、自由度 3 のカイ 2 乗検定となります。

　カイ 2 乗検定は、実際の分布と理論分布を求めてから定義に従って χ^2 値を求め、そのような χ^2 値をとるカイ 2 乗分布の上側確率を CHI.DIST 関数で求めることで行えます。しかし、少々計算が煩雑です。そこで、かんたんに操作を行うために CHISQ.TEST 関数を使用して χ^2 検定を行います。

CHISQ.TEST 関数

CHISQ.TEST(実測値範囲,期待値範囲)

カイ2乗（χ^2）検定を行います。CHISQ.TEST 関数は、統計と適切な自由度に対するカイ2乗（χ^2）分布の値を返します。χ^2 検定を使用して、仮説による結果が実験によって検証されるかどうかを判断できます。

実測値範囲　　必ず指定します。期待値に対する検定の実測値が入力されているデータ範囲を指定します。

期待値範囲　　必ず指定します。期待値が入力されているデータ範囲を指定します。実測値と期待値では、行方向の値の合計と列方向の値の合計がそれぞれ等しくなっている必要があります。

実測値範囲と期待値範囲から求めた χ^2 値は、自由度によりその確率密度関数が求まります。この CHISQ.TEST 関数は χ^2 値がある値以上をとる確率（上側確率）を戻します。したがって、この値が 0.05 以下か否かで危険率 $p=0.05$ の検定が行えます。

ここで、理論的な度数分布をどのように求めるかが問題となります。列方向の値の合計を行方向の値の合計で比例配分すればよいのですが、各セルに個別に数式を書くとかなり煩雑です。また、セル C16 で、=C13*$G$11/$G$13 の式を書けばセル C13 に対応する期待値が求まります。しかし、この式をセル範囲 C16:F16 にオートフィルで貼り付けると、列 G を参照している部分が列 H 以降を参照しておかしな値になってしまいます。

そこで、セルの相対参照、絶対参照、複合参照を「F4」キーを押して切り替えます。文字で書くと複雑になるので、以下に操作方法を説明します。

■操作方法

1. セル C16 で「=」（半角のイコール）を押して、列合計（セル C13）を参照してください。
2. 「F4」キーを何回か押して、複合参照「C$13」にします（**図 5.15**）。行番号 13 の前にだけ「$」がついていることに注意してください。

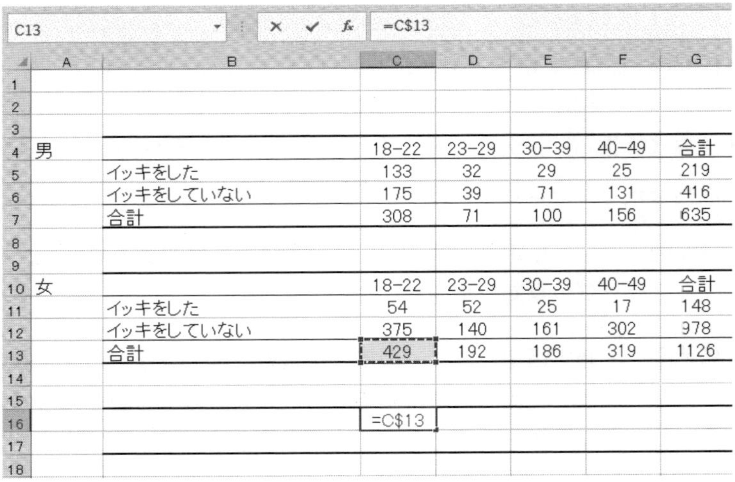
C13　=C$13

	A	B	C	D	E	F	G
4	男		18-22	23-29	30-39	40-49	合計
5		イッキをした	133	32	29	25	219
6		イッキをしていない	175	39	71	131	416
7		合計	308	71	100	156	635
10	女		18-22	23-29	30-39	40-49	合計
11		イッキをした	54	52	25	17	148
12		イッキをしていない	375	140	161	302	978
13		合計	429	192	186	319	1126
16			=C$13				

図 5.15　列合計を複合参照で参照する

3. 「*」（乗算の記号）を入力し、行合計（セル G11）を参照して「F4」キーを何回か押して、絶対参照「$G$11」にしてください。
4. 3. と同様に、「/$G$13」を入力して「Enter」キーを押します。最終的な式は、=C$13*$G$11/$G$13 となります（**図 5.16**）。これは、列合計を行合計で比例配分して、期待度数を求めていることになります。

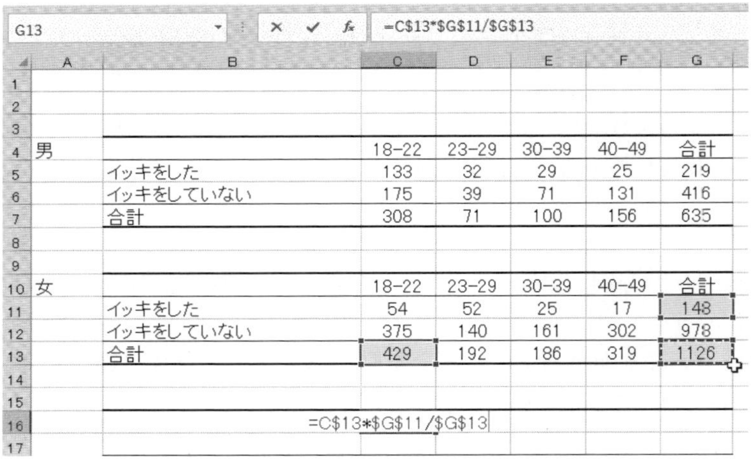
G13　=C$13*$G$11/$G$13

	A	B	C	D	E	F	G
4	男		18-22	23-29	30-39	40-49	合計
5		イッキをした	133	32	29	25	219
6		イッキをしていない	175	39	71	131	416
7		合計	308	71	100	156	635
10	女		18-22	23-29	30-39	40-49	合計
11		イッキをした	54	52	25	17	148
12		イッキをしていない	375	140	161	302	978
13		合計	429	192	186	319	1126
16			=C$13*$G$11/$G$13				

図 5.16　行合計を絶対参照で参照

5. セル C17 にも、同様に期待度数の式 =C$13*$G$12/$G$13 を入力します。
6. 式を記入したセル範囲 C16:C17 をドラッグ、つまり、選択したセル範囲の右下隅をクリックして右方向へドラッグします（**図 5.17**）。つまり、オートフィル

の機能で数式をセル範囲 C16:C17 にかけて一挙に貼り付けます。

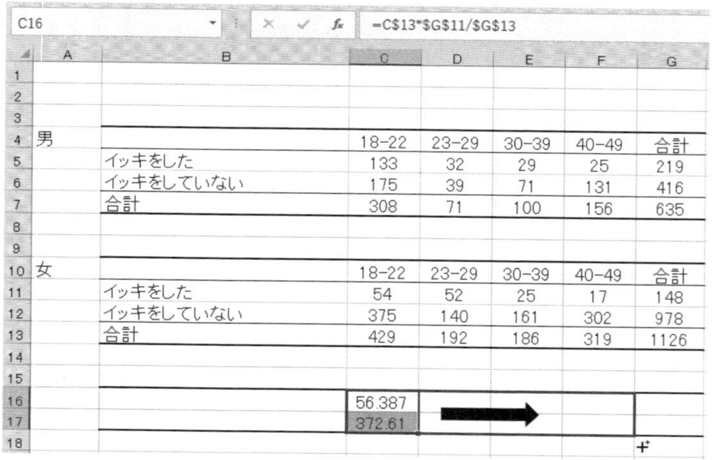

C16 =C$13*$G$11/$G$13

	A	B	C	D	E	F	G
4	男		18-22	23-29	30-39	40-49	合計
5		イッキをした	133	32	29	25	219
6		イッキをしていない	175	39	71	131	416
7		合計	308	71	100	156	635
10	女		18-22	23-29	30-39	40-49	合計
11		イッキをした	54	52	25	17	148
12		イッキをしていない	375	140	161	302	978
13		合計	429	192	186	319	1126
16			56.387				
17			372.61				

図 5.17 数式のドラッグ

期待度数が指定された範囲のセルに貼り付けられます。そのあと、カイ2乗検定を行うセル C21 において、=CHISQ.TEST(C11:F12,C16,F17) の式を記入しカイ2乗検定を行います。その結果、値が 8E-11、つまり 10 の 8 乗分の 1 という小さな値になり、女性におけるイッキ飲み経験の有無と年代の間には関連がある、といえることになります（**図 5.18**）。この場合は、どの年代でも常に同じ割合でイッキ飲みをしているのでなく、どこかに、ほかと大きく異なる年代があることを意味します。

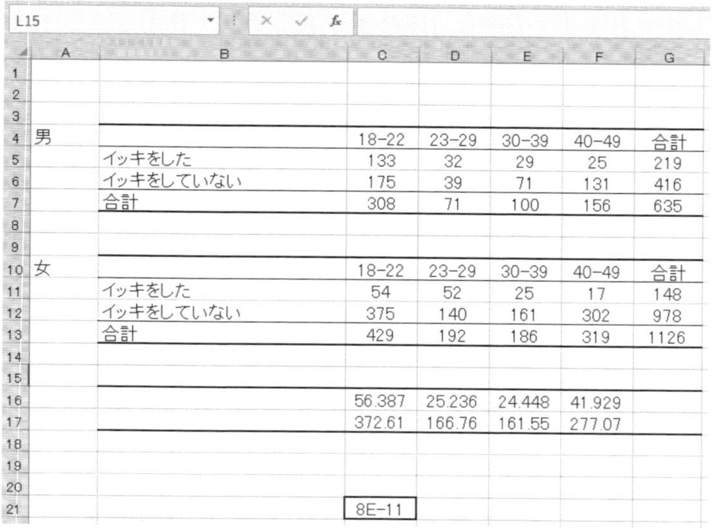

L15

	A	B	C	D	E	F	G
4	男		18-22	23-29	30-39	40-49	合計
5		イッキをした	133	32	29	25	219
6		イッキをしていない	175	39	71	131	416
7		合計	308	71	100	156	635
10	女		18-22	23-29	30-39	40-49	合計
11		イッキをした	54	52	25	17	148
12		イッキをしていない	375	140	161	302	978
13		合計	429	192	186	319	1126
16			56.387	25.236	24.448	41.929	
17			372.61	166.76	161.55	277.07	
21			8E-11				

図 5.18 カイ2乗検定の結果

5.4.3　2×2の分割表のカイ2乗検定を模式図で体験する

3.6.6 項で、2×2 の分割表の場合のカイ 2 乗値の演習シートを作成しました。しかし、それらのグラフで自由度 1 のカイ 2 乗分布をグラフで見ても、なかなか統計学的な違いを体験できません。そこで、今度は模式図で検討してみます（**カイ2乗検定を模式図で体験する.xlsx**）。

まず、「同性と異性が 50 人ずつ、好みの人と好みでない人が 50 人ずつ」という条件で、模式図を作ります。

図 5.19 と図 5.20 は、好みの異性が、それぞれ「25 人、26 人、28 人、30 人、35 人、40 人、45 人」になった場合を示しています。これに対してカイ 2 乗検定を行うと、好みの異性が 30 人になったときに、$p = 0.046$ と有意になりました。全体で 100 人規模であれば、このような状態で有意差が生じるのだ、という点を今の段階で体験しておくと、この先なにかと役立つと思います。

筆者としては、観測度数 2 の 28 人のとき $p = 0.23$、観測度数 3 の 30 人のとき $p = 0.046$ と、急激に異なった点に少し驚きました。

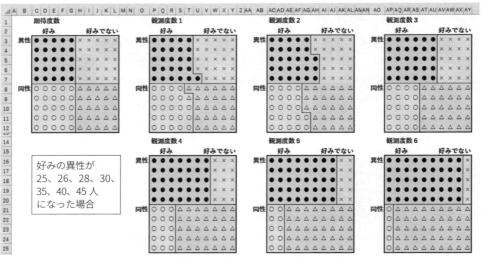

図 5.19　人数分布の模式図

5.4 カイ2乗検定の演習

	A	B	C	D	E	F	G	H	I	J	K	L	M	N	O	P	Q	R	S	T	U	V	W	X
1	期待度数						観測度数1							観測度数2						観測度数3				
2			好み		好みでない				好み		好みでない				好み		好みでない					好み		好みでない
3		異性	25		25			異性	26		24			異性	28		22				異性	30		20
4		同性	25		25			同性	24		26			同性	22		28				同性	20		30
5									χ^2値= 0.16						χ^2値= 1.44							χ^2値= 4.00		
6									p値 = 0.689						p値 = 0.230							p値 = 0.046		
7																								
8								観測度数4						観測度数5							観測度数6			
9									好み		好みでない				好み		好みでない					好み		好みでない
10								異性	35		15			異性	40		10				異性	45		5
11								同性	15		35			同性	10		40				同性	5		36
12									χ^2値= 16						χ^2値= 36							χ^2値= 64		
13									p値 = 6.E-05						p値 = 2.E-09							p値 = 1.E-15		

図 5.20 人数分布の模式図とカイ 2 乗値

5.4.4 【例題】あてはまりのよさの検定（1 試料カイ 2 乗検定）—サッカーの得点差

ポアソン分布の章で、サッカーの試合の得点差がポアソン分布に従うと考えられる、と解説しました。実際に従うかどうかを検定してみましょう（図 5.21）。セルに入力する関数は、3.4 節のポアソン分布を参照してください（**サッカーの得点差.xlsx**）。

仮説

帰無仮説 H_0：各数字の出方は理論的な分布と比較して偏りがない

対立仮説 H_1：各数字の出方は理論的な分布と比較して偏りがある

	A	B	C	D	E	F	G	H	I	J	K
1											
2		点数差	0	1	2	3	4	5	6	7	8
3		試合数	14	17	11	3	2	0	0	0	1
4											
5		得点合計	64	試合数	48	λ	1.3333				
6											
7		理論分布	0.2636	0.3515	0.2343	0.1041	0.0347	0.0093	0.0021	0.0004	6.5E-05
8		理論試合数	12.653	16.87	11.247	4.9986	1.6662	0.4443	0.0987	0.0188	0.00313
9											
10		理論との差	0.1435	0.001	0.0054	0.7991	0.0669	0.4443	0.0987	0.0188	317.031
11											
12											
13		理論試合数は下記の式を各点数差について求めている									
14		理論分布	=λ^C2*EXP(1)^(-λ)/FACT(C2)								
15		理論試合数	=試合数× 理論分布								
16		理論との差	=(試合数−理論試合数)^2/理論試合数								
17											

図 5.21 得点差の分布

第5章　違いを考える

この場合、単純に「(実測値 − 理論値)^2/ 理論値」を求めると、セル K10 の値が極端に大きくなってしまいます。グラフを描くと分かりますが、実際の試合数と理論試合数の分布はよく一致しています。点数差 8 点の理論試合数が 0.00313 と小さな値を持っているため、「(実測値 − 理論値)^2/ 理論値」の分母部分にその 0.00313 がきて、極端に大きな数字が出てしまうのです。

詳しい説明は省略しますが、カイ 2 乗検定の場合に理論度数が 5 以下のセルがあれば、解析に誤りを起こすことがあるので、ほかのセルと合わせて 5 以上にする必要があります。今回の場合では、単純に点数差 3 点以上を 3 点にまとめて計算し直すのがよいでしょう（図 5.22）。なお 2×2 の集計表に限り、理論度数が 5 以下の場合は後述する Yates（イェーツ）の補正を行ってもかまいません（次ページのコラム「Yates の補正」参照）。

さて、3 点以上を 3 点にまとめ直して、表を再計算しましょう（**サッカーの得点差 − 改訂.xlsx**）。その結果、カイ 2 乗値 = 0.979 と、比較的小さな値になります。さらに、「試合数」と「理論試合数」を使って、CHISQ.TEST 関数で検定を行いました。その結果、$p = 0.8066$ となり、「帰無仮説 H_0：各数字の出方は理論的な分布と比較して偏りがない」を棄却できません。試合数と理論試合数とであまり違いがないという結果になりました。

カイ 2 乗検定を行う場合、理論的な度数が 5 以下になるか否かには、常に注意してください。

	A	B	C	D	E	F	G	H	I
1									
2		点数差	0	1	2	3			
3		試合数	14	17	11	6			
4									
5		得点合計	57	試合数	48	λ	1.1875		
6									
7		理論分布	0.305	0.3622	0.215	0.0851			
8		理論試合数	14.639	17.384	10.322	4.0857			
9									
10		理論との差	0.0279	0.0085	0.0446	0.8969		カイ2乗値	0.9779
11								p値	0.8066
12									

図 5.22　点数をまとめ直した結果

> **Yates の補正**　　　　　　　　　　　　　　　　　　　**COLUMN**
>
> 2×2 の 4 分割表のカイ 2 乗値は、1 つのセルの度数が少ないと、その値が実際のカイ 2 乗分布の値とずれてしまい、実際に有意でないのに有意であるとの結論を出してしまう危険性があります。そのため「1 つのセルの期待度数が 5 以下では、単純にカイ 2 乗値を求めてはいけない」とされ、そのような場合は、次に示す Yates（イェーツ）の補正を行います。これは次のように $n = a + b + c + d$ を用いて補正を行うものです。
>
> $$\frac{n\left(|ad-bc|-\frac{n}{2}\right)^2}{(a+b)(a+c)(b+d)(c+d)}$$

5.4.5 McNemar 検定

名義尺度で対応のある場合で、2 値の名義尺度の検定は「**McNemar（マクネマー）検定**」と呼ばれています。これは同一人物で、「はい」「いいえ」と答えられるような質問が、ある介入の前後でどのように変化したかを見るのに用います。

たとえば、模擬試験の「不合格、合格」と、本試験の「不合格、合格」を見る場合がこれにあたります。最初から試験を投げている人は「不合格」→「不合格」のようになります。試験科目が得意な人は「合格」→「合格」となるでしょう。しかし、ここで注目したいのは、「不合格」→「合格」や「合格」→「不合格」のように、模擬試験と本試験で結果が変わった人です。つまり「はい」や「合格」のまま、あるいは「いいえ」や「不合格」のままではなく、変化があった点のみに注目して解析を行います。

詳しく解説すると、なにかの介入の前後で結果が変わらないものには意味がありません。「不合格」→「合格」や「合格」→「不合格」になった人物が、偶然そうなるのであれば、変化の頻度は等しいはずです。しかし、介入のなんらかの効果があるとすれば、どちらかにずれが生じるはずです。期待度数として $(b+c)/2$、つまり注目している 2 箇所のセルの平均を考えてカイ 2 乗検定を行うのが McNemar 検定です。

この検定は、**図 5.23** に示すように、数式に示すカイ 2 乗値が自由度 1 のカイ 2 乗分布になることを理由にして検定を行います。McNemar 検定では、変化のあった場所の差の 2 乗を、変化のあった場所の和で割ればよいだけなので、電卓でもかんたんに計算ができます。

第5章 違いを考える

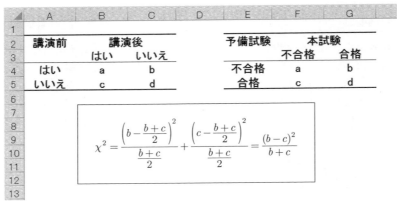

図 5.23　McNemar 検定の計算方法

■ **McNemar 検定を模式図で体験する**

2×2 の分割表の場合と同様に、McNemar 検定の例題を模式図で検討します（**マクネマー検定を模式図で体験する.xlsx**、図 5.24）。

今度は模擬試験と本試験で結果が異なる所（右上の●と左下の△）に着目します。この例では、模式図の下側の例数は固定しておいて、「模擬試験は不合格、本試験は合格」となった数を増やして McNemar 検定で検討しました。つまり、「A：模擬試験が不合格で本試験が合格した人数」と「B：模擬試験が合格で本試験が不合格の人数」を検討したわけです。A, B おのおのが 20 人から、「20:20、20:25、20:27、20:30、20:35、20:40、20:45」の例で McNemar 検定を行うと、**図 5.25** で「観測度数 4」にあたる 20:35 になって $p = 0.043$ と有意になりました。2 試料カイ 2 乗検定と異なり、McNemar 検定では、ここまで違いが開いてやっと有意差が出ると分かったのは筆者の私にとっても新鮮な体験でした。

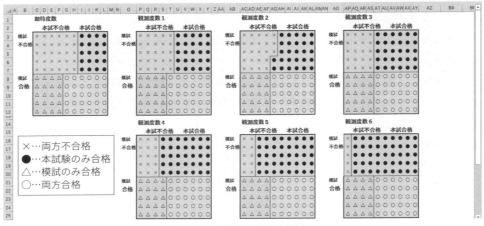

図 5.24　模擬試験と本試験

5.4 カイ2乗検定の演習

	A	B	C	D	E	F	G	H	I	J	K	L	M	N	O	P	Q	R	S	T	U	V	W	X	Y
1									観測度数1					観測度数2					観測度数3						
2			不合格		合格					不合格		合格			不合格		合格			不合格		合格			
3		不合格	30		20				不合格	25		25		不合格	23		27		不合格	20		30			
4		合格	20		30				合格	20		30		合格	20		30		合格	20		30			
5										χ^2値= 0.56					χ^2値= 1.04					χ^2値= 2.00					
6										p値 = 0.456					p値 = 0.307					p値 = 0.157					
7																									
8									観測度数4					観測度数5					観測度数6						
9										不合格		合格			不合格		合格			不合格		合格			
10									不合格	15		35		不合格	10		40		不合格	5		45			
11									合格	20		30		合格	20		30		合格	20		30			
12										χ^2値= 4.09					χ^2値= 6.67					χ^2値= 9.62					
13										p値 = 0.043					p値 = 0.010					p値 = 0.002					

図 5.25　McNemar 検定の結果

ここで、いつものように演習シートを作成して、McNemar 検定を体験しておきましょう。**図 5.26** と**表 5.5** を参考に、シートを用意してください（**マクネマー検定.xlsx**）。

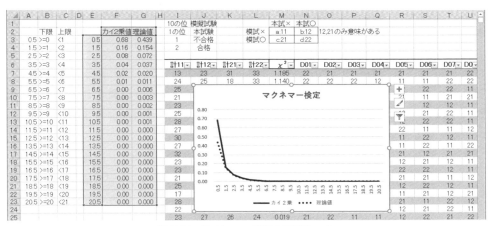

図 5.26　McNemar 検定の演習シート

表 5.5 セル・セル範囲・列の役割（McNemar 検定）

I6:DI10006	テーブルとして 10000 行書式設定する。
列 N：列 DI	=RANDBETWEEN(1,2)&RANDBETWEEN(1,2) で 11、12、21、22 の 4 種類の数字を乱数で生成する。数字の意味は次に示すとおりである。 11：「不合格」→「不合格」 12：「不合格」→「合格」 21：「合格」→「不合格」 22：「不合格」→「合格」
列 I	11 の件数を計数する。
列 J	12 の件数を計数する。
列 K	21 の件数を計数する。
列 L	22 の件数を計数する。
列 M	=([@計 12]-[@計 21])^2/([@計 12]+[@計 21]) でカイ 2 乗値を計算する。
列 E	0.5 より 1 間隔でグラフ描画時の X の値を設定する。
列 F	=COUNTIFS(テーブル 1[χ 2],B3,テーブル 1[χ 2],C3)/10000 で 1 間隔の範囲にあるカイ 2 乗値の数を計数する。
列 G	=CHISQ.DIST(E3,1,FALSE) で、セル G3 に対応する。自由度 1 のカイ 2 乗値の確率密度を示す。

「F9」キーを押して乱数を再生成して、グラフの変化を観察してください。カイ 2 乗値 4.0 以上が全体の 5% 程度しかない、ということを体験できます。

5.4.6 【例題】McNemar 検定—勤務中とプライベートでのメイクの違い

違う例題で考えてみましょう。

図 5.27 は、会社勤めの女性 59 名を対象に、勤務中とプライベートという条件で、それぞれメイクをする箇所を答えてもらったものです（**メイクに関するマクネマー検定.xlsx**）。「口紅」「髪型」「アクセサリ」「眉」の 4 種類の条件で、変化が見られる箇所を考えてみます。

各表の対角線上の値を注意して見ると、「口紅」と「アクセサリ」は数の変化が大きく、「髪型」と「眉」では変化が少なくなっています。McNemar 検定の結果を見ると、「口紅」と「アクセサリ」は、勤務時に有意に増加しています。眉の手入れは 0.05 に近いのですが、有意にはなっていません。

	A	B	C	D	E	F	G
1							
2							
3	勤務時の口紅	お誘い時の口紅			勤務時の髪型	お誘い時の髪型	
4		しない	する			しない	する
5	しない	31	36		しない	18	26
6	する	12	39		する	17	57
7	χ^2値	12			χ^2値	1.884	
8	p値	0.00053			p値	0.170	
9							
10	勤務時のアクセサリ	お誘い時のアクセサリ			勤務時の眉	お誘い時の眉	
11		しない	する			しない	する
12	しない	38	65		しない	59	11
13	する	5	10		する	22	26
14	χ^2値	51.429			χ^2値	3.667	
15	p値	7.E-13			p値	0.056	
16							

図 5.27　メイクに関する McNemar 検定

筆者はメイクについて詳しくないため、この結果に対して詳細な考察はできません。筆者が想像できる範囲内だと、「勤務後に遊びにいくときは、髪型を変えるまでの時間はかけられない」とか、「眉以外のポイントで気分や印象を変えている」などが思いつきますが、合っているかどうかは分かりません。

そうはいっても、このような解析をメイクの知識がある方が行えば、役立つ考察を得られるはずです。化粧品を作っている会社であれば、製品企画や広告の出し方に役立てることができるでしょう。

カイ2乗検定は、集計表から手軽に求められるため、統計の初心者の方にはぜひマスターしていただきたい検定手法です。今の段階で、各種のカイ2乗検定を体験しておいてください。

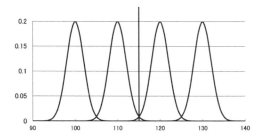

第6章
分散分析と回帰分析の実践

　これまでは基礎的な統計手法を解析してきましたが、ここからは複数の分布を比較する「分散分析」や、2種類の変数の関係を検討する「回帰分析」といった、少し進んだ学習を行います。本書で学習したあとに、より高度な分析方法を学ぶ前の基礎学習をすると考えて勉強を進めてください。

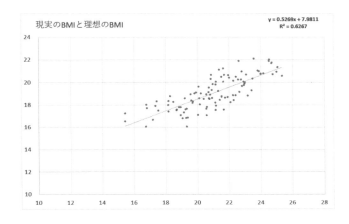

6.1 分散分析を理解する

6.1.1 多群を比較する

t 検定では 2 群の平均値の比較をしましたが、2 群以上に話を拡大をするにはどうしたらよいでしょうか。

最初に以下のような仮説を考えます。

帰無仮説 H_0：すべての平均値は等しい。
対立仮説 H_1：すべての平均値は等しくはない（最小 1 つの平均値が異なる）。

たとえば、いろいろな県の生徒 20 人の身長を集めたデータがあるとします。各県の生徒の身長の平均値が等しいかどうかを検討するときに、もし 2 県ずつ比較するとしたら、6 県では 15 通り（${}_6C_2$）の組み合わせが、7 県では 21 通り（${}_7C_2$）の組み合わせが存在します。

「有意水準 0.05 で検定を行う」ということは、今見ているような状態が 20 回に 1 回生じているかどうか、それ以下だったら偶然と考えるのをやめようという立場でした（4.1 節）。そのため、単純に多くの平均値を比較すると、有意水準 0.05 以下になる場合がいくらでも出てきてしまいます。

このようなときに、最小 1 つの平均値が異なることを示すには、組み合わせで 2 個の平均値を比較するのでなく、新しい考えが必要になります。ここで基本になるのは、各群の中のばらつきと群の間のばらつきを比較して考えようというアイデアです。ここでは多群を比較する**分散分析**について解説します。

6.1.2 分散分析の概念

分散分析では、全体のばらつきを各群の中でのばらつきである**群内変動**と、群の間でのばらつきである**群間変動**に分解します（図 6.1）。そして、「群間で平均値が異なる」とは群内のばらつきの和よりも群間のばらつきの和が大きいため、各群の分布が離れたと考えます。

もし最初は図 6.1 のように 4 群が離れていても、群間の変動が小さくなり、かつ群内変動が同じままであれば、図 6.2 のように 4 種類の分布は重なります。こうなると 4 種類の群のデータは、ほぼ同質の構成からなる 1 つの群から抽出したものと考えるのが自然です。これが分散分析の基本的な考え方です。

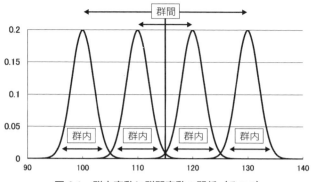

図 6.1　群内変動と群間変動の関係（その 1）

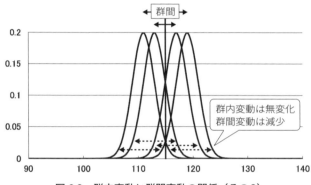

図 6.2　群内変動と群間変動の関係（その 2）

　ここから先は、群間変動の和、群内変動の和を正確に求め、かつデータの個数や群の個数に影響されずに比較できるような工夫を考えます。そうすれば 2 群以上の平均値の比較ができるはずです。

　4 県の学生の身長を比較するためのシミュレーションデータとして、変数 A ～ D を用意します。おのおのの変数には、いつものように標準正規分布をする乱数を発生させ、以下のような式を入力し、全体で 20 行のデータを生成します（**分散分析 – 例題.xlsx**）。

```
A   =NORM.S.INV(RAND())*10+100
B   =NORM.S.INV(RAND())*10+110
C   =NORM.S.INV(RAND())*10+120
D   =NORM.S.INV(RAND())*10+130
```

今回の数値の例は図 6.3（6.1.3 項）に示しています。

まず、A 県の学生の身長が、ほかより低いかどうか知りたいとします。それには A 県の身長の平均（以下、A 県の平均）と全体の平均の比較を考えます。そのため、最初に群と群のばらつきを求め、そのあとに群の中のばらつきを求めます。

群と群のばらつきを求めるには、各県の平均と全体の平均との差をとり、それを 2 乗して加え合わせます。これは標準偏差や分散を求めたときの手続きと同じです。得られた和に、各群の構成数 n、ここでは 20 を掛けます。求めたものは**群間変動を表す平方和**（Sum of Squares between groups）と呼ばれるもので、一般的には次の式で表されます。

$$群間変動を表す平方和 = (おのおのの(群平均 - 全平均)^2) の和 \times n$$

この先は「全体のばらつき＝群間のばらつき＋群内のばらつき＝群間変動を表す平方和＋群内変動を表す平方和」と考えて、右辺のばらつきの程度を考えます。ただし、単なる平方和では、その大きさは各群の中のデータの数、各群の数に依存してしまうので、自由度で割った平均平方、つまり分散の形に直して比較検討します。

6.1.3　群間変動を示す変動和を求める

最初に群平均を求めるため AVERAGE 関数を用いて、2 行目から 21 行目までの平均値をセル範囲 B22:E22 に求めます（**図 6.3**）。4 種類の平均値から再度 AVERAGE 関数を用いて全平均をセル B23 に求めます。同じ値をセル範囲 C23:E23 に貼り付けます。

群間変動を表す平方和は「(おのおのの(群平均 - 全平均)^2)の和 $\times n$」になるので、おのおのの(群平均 - 全平均)^2 をセル範囲 B24:E24 に求め、これに n の 20 を掛けてセル B25 に群間変動を示す平方和を求めます。

	A	B	C	D	E
1	ID	A	B	C	D
2	1	104.82	107.05	119.11	113.31
3	2	103.84	119.18	120.17	126.70
4	3	101.79	109.89	103.37	134.33
5	4	97.27	106.91	115.29	132.52
6	5	91.83	116.34	105.71	128.33
7	6	87.06	116.85	102.96	129.72
8	7	107.47	122.78	141.15	149.45
9	8	129.58	82.75	129.36	105.56
10	9	101.42	116.81	91.83	151.13
11	10	89.63	119.27	106.87	135.13
12	11	83.72	96.30	93.68	139.86
13	12	99.29	112.08	124.32	135.01
14	13	107.62	125.43	122.14	147.71
15	14	79.35	105.47	96.19	147.59
16	15	80.64	120.20	133.76	133.67
17	16	80.02	113.82	108.45	130.99
18	17	111.10	117.78	117.56	139.21
19	18	121.12	120.33	126.28	121.41
20	19	105.57	113.29	119.81	143.43
21	20	103.44	120.55	121.27	115.81
22	群平均	99.33	113.15	114.96	133.04
23	全平均	115.12	115.12	115.12	115.12
24	(群平均−全平均)²	249.41	3.87	0.03	321.15
25	群間変動を表す平方和	11489.19			

図 6.3 群間変動を表す平方和を求める

6.1.4 郡内変動を表す平方和

次に、群内の変動をどのように推定するかを考えます。それには、各データとその値の所属する群の平均の差の 2 乗和を求めます。これは個別のデータの変動を示し、**群内変動を表す平方和**（Sum of Squares within groups）と呼び、次の式で表現します。

群内変動を表す平方和 =（個体の観測値 − 群平均）² の和

図 6.4 では、セル範囲 G24:J24 に列 G から列 J のそれぞれの群内変動を表す平方和を求めてから、この 4 種類の値を合計し、セル G25 に全体としての群内変動を表す平方和を求めています。この場合、セル G25 を =SUM(G2:J21) としても同じ値が求まります。

第6章　分散分析と回帰分析の実践

	A	B	C	D	E	F	G	H	I	J	K
1	ID	A	B	C	D		A	B	C	D	
2	1	104.82	107.05	119.11	113.31		30.15	37.28	17.22	389.30	
3	2	103.84	119.18	120.17	126.70		20.34	36.28	27.12	40.24	
4	3	101.79	109.89	103.37	134.33		6.03	10.64	134.50	1.67	
5	4	97.27	106.91	115.29	132.52		4.25	38.97	0.11	0.28	
6	5	91.83	116.34	105.71	128.33		56.24	10.18	85.62	22.17	
7	6	87.06	116.85	102.96	129.72		150.43	13.65	143.99	11.01	
8	7	107.47	122.78	141.15	149.45		66.34	92.67	685.57	269.22	
9	8	129.58	82.75	129.36	105.56		915.08	924.15	207.16	755.24	
10	9	101.42	116.81	91.83	151.13		4.37	13.36	535.32	327.02	
11	10	89.63	119.27	106.87	135.13		94.09	37.40	65.54	4.37	
12	11	83.72	96.30	93.68	139.86		243.79	284.13	453.14	46.42	
13	12	99.29	112.08	124.32	135.01		0.00	1.15	87.54	3.86	
14	13	107.62	125.43	122.14	147.71		68.74	150.61	51.45	215.05	
15	14	79.35	105.47	96.19	147.59		399.18	59.07	352.46	211.51	
16	15	80.64	120.20	133.76	133.67		349.27	49.70	353.20	0.39	
17	16	80.02	113.82	108.45	130.99		372.88	0.44	42.41	4.22	
18	17	111.10	117.78	117.56	139.21		138.63	21.37	6.77	37.99	
19	18	121.12	120.33	126.28	121.41		474.81	51.47	127.96	135.42	
20	19	105.57	113.29	119.81	143.43		39.00	0.02	23.51	107.87	
21	20	103.44	120.55	121.27	115.81		16.89	54.73	39.79	297.13	
22	群平均	99.33	113.15	114.96	133.04						
23	全平均	115.12	115.12	115.12	115.12						
24	(群平均-全平均)²	249.41	3.87	0.03	321.15	(個体の観測値-群平均)²	3450.52	1887.27	3440.41	2880.39	
25	群間変動を表す平方和	11489.19				群内変動を表す平方和	11658.58				
26	群間平均平方	3829.73				群内平均平方	153.40				

図 6.4　群内変動を表す平方和の計算

ここまでで、次の値が求まりました。

- 群間変動を表す平方和　11489.19
- 群内変動を表す平方和　11658.58

ここで、平方和を比較するのですが、おのおのデータの数も群の数も異なります。このままでは、データの数が多くなればおのおのの値が大きくなり、都合がよくありません。

ここで新しく**自由度**という概念を考えます。これは、データの数からすでに使われた平均の個数などの制限条項を引いたものです。具体的には、データの数からすでに使われた平均の個数などの制限条項を引いたものです。一般的に、自由度については t 検定のときは「標本の数 -1」、カイ2乗検定のときは「(行の数 -1) × (列の数 -1)」などの表現をしますが、どれも「データ数 $-$ 制限条項」と考える点では同じです。

さて、ここで平方和を自由度で割った新しい値、**平均平方**（Mean Square）を求め、その比で群間の群内に対する相対的な変動を考えるようにします。これは見方を変えれば、分散の比をとっていることになります。セル B26 とセル G26 に求めたそれらの平均平方の求め方を**表 6.1** に示します。

表6.1 平均平方の求め方

群間変動を表す平方和（セル B25）	11489.194
要素の数	4
使った平均の個数	1
自由度	4 − 1 = 3
郡間平均平方（セル B26）	11489.194/3 = 3829.73

群内変動を表す平方和（セル G25）	11658.58
要素の数	20 × 4
使った平均の個数	4
自由度	80 − 4 = 76
群内平均平方（セル G26）	11658.58/76 = 153.40

F 比 = 群間平均平方 / 群内平均平方 = 3829.7313/153.4024 = 24.97

5.2 節で示したように、この F 比を用いて行う F 検定では、値が大きいほど仮定した状態の差が偶然に生じる率が小さくなります。つまり、4 県の平均を同じと仮定したのに、このような値が出る確率は、この F 比をもとに求められます。この F 比（F 統計量）は分子と分母の自由度によりグラフの形が決まりますので、F 比がある値以上をとる上側確率、つまり p 値は F.DIST.RT 関数で求めることができます。

F.DIST.RT 関数

F.DIST.RT(x, 自由度1, 自由度2)

2 組のデータの（右側）F 分布の確率関数の値（ばらつき）を返します。この関数を使用すると、2 組のデータを比較してばらつきに差異があるかどうかを判断できます。たとえば、高校入試で男子と女子の点数を調べ、男子と女子で点数のばらつきが異なるかどうかを判断できます。

---
x　　　　必ず指定します。関数に代入する値を指定します。

自由度1　必ず指定します。自由度の分子を指定します。

自由度2　必ず指定します。自由度の分母を指定します。

今回の例では F.DIST.RT(24.97, 3, 76) = 2.39708E-11 とかなり小さな値になり、4 県の平均値がどれも同じと考えるとめったに生じないことが実際に生じた、つまりこの 4 県の値は有意に異なることが分かります。これらの操作は、一般的には**図 6.5**に示すような**分散分析表**という形式で表します。**群間**、**群内**の代わりに**級間**、**級内**という表現をすることもあります。

分散分析表					
要因	平方和	自由度	平均平方	F値	P-値
群間	11489.19	3	3829.73	24.97	<.0001
群内	11658.58	76	153.40		
合計	23147.78	79			

図 6.5　一般的な分散分析表での表現

6.1.5　演習シートで分散分析を体験する

いつものように演習シートを作って、F 値がどのようになるか体験しましょう（**F 分布を体験する.xlsx**、図 6.6、表 6.2）。なお、このシートは横方向に長くなります。そのため、最初に列 J の右側のデータシート部分を説明し、そのあとに、列 S の左側のグラフを生成する部分を示して説明します。

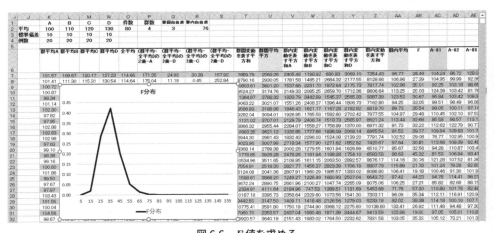

図 6.6　F 値を求める

表 6.2　セル・セル範囲・列の役割（分散分析）

K2:N2	A〜Dの平均。
K3:N3	A〜Dの標準偏差。
K4:N4	A〜Dの例数。
O2	全体の件数（例数）。
P2	群の数。今回は 4 群。
Q2	群間自由度。群数－1 = 3
R2	群内自由度。全体の件数－群数 = 76
AC7:DX10006	平均と標準に合わせた正規分布乱数を生成する。
列 AC：列 BA	=NORM.S.INV(RAND())*$K$3+$K$2 で A のデータ用に 25 列を用意する。
列 BB：列 BZ	=NORM.S.INV(RAND())*$L$3+$L$2 で B のデータ用に 25 列を用意する。
列 CA：列 CY	=NORM.S.INV(RAND())*$M$3+$M$2 で C のデータ用に 25 列を用意する。
列 CZ：列 DX	=NORM.S.INV(RAND())*$N$3+$N$2 で D のデータ用に 25 列を用意する。
列 K	=AVERAGE(AC7:OFFSET(AC7,0,$K$4-1)) で A の群平均を求める。

表6.2 (つづき)

列L	=AVERAGE(BB7:OFFSET(BB7,0,$L$4-1)) でBの群平均を求める。
列M	=AVERAGE(CA7:OFFSET(CA7,0,$M$4-1)) でCの群平均を求める。
列N	=AVERAGE(CZ7:OFFSET(CZ7,0,$N$4-1)) でDの群平均を求める。
列O	=([@群平均A]*$K$4+[@群平均B]*$L$4+[@群平均C]*$M$4+[@群平均D]*$N$4)/(SUM($K$4:$N$4)) で「全体の平均」を求める。この設定により、A～D群の平均と標準偏差、および列数が異なっても対応できるように設定した。
列P：列S	各群平均と全体の平均の差をとり2乗する。
列T	=[@[(群平均－全平均)の2乗-A]]*$K$4+[@[(群平均－全平均)の2乗-B]]*$L$4+[@[(群平均－全平均)の2乗-C]]*$M$4+[@[(群平均－全平均)の2乗-D]]*$N$4 で「群間平変動を表す平方和」を求める。
列U	=[@群間変動を表す平方和]/($P$2-1) で「群間平均平方」を求める。
列V	=DEVSQ(AC7:OFFSET(AC7,0,$K$4-1)) で群内変動を表す平方和をAのデータに関して求める。
列W	=DEVSQ(BB7:OFFSET(BB7,0,$L$4-1)) で群内変動を表す平方和をBのデータに関して求める。
列X	=DEVSQ(CA7:OFFSET(CA7,0,$M$4-1)) で群内変動を表す平方和をCのデータに関して求める。
列Y	=DEVSQ(CZ7:OFFSET(CZ7,0,$N$4-1)) で群内変動を表す平方和をDのデータに関して求める。
列Z	=SUM(テーブル1[@[群内変動を表す平方和A]:[群内変動を表す平方和D]]) で「群内変動を表す平方和」を求める。
列AA	=[@群内変動を表す平方和]/$R$2 で「群内平均平方」を求める。
列AB	=[@群間平均平方]/[@群内平均平方] でF値を求める。

　F値に関して、列E：列Fで設定し、グラフを描きます（**図6.7**）。平均や標準などを変えると、グラフがどのように形を変えるかを体験してください。

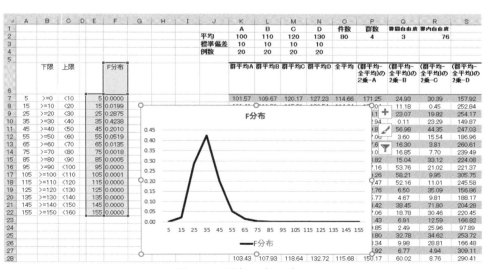

図6.7　F分布のグラフ表示

一方、A、B、C、Dの値によって正規分布を描き、その位置関係を示すと、図6.8のようになります。平均や標準偏差を変えるとF値はどうなるか、4群の分布はどうなるかを、自分で体験して確認してください（**4種類の分布.xlsx**）。

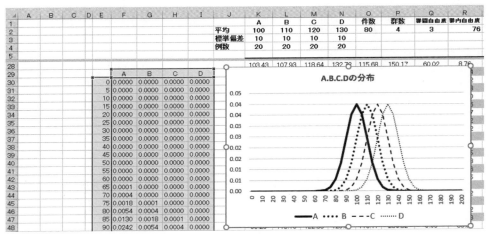

図6.8　4種類の分布

演習シートとは別に、指定した平均、標準偏差、例数でのF値を求めます。

群内変動を表す平方和を求めるには、分散は偏差平方和の平均なので、標準偏差を2乗し$(n-1)$を掛けて群内変動を表す平方和を求めています。その結果、図6.9のような設定では、F値は33.33になります。この値が、前述の平均値100、110、120、130、標準偏差10の場合ではどこに相当するかを確認してください。

	A	B	C	D	E	F	G	H	I
1									
2		A	B	C	D	全平均	件数	群数	
3	平均	100	110	120	130	115		4	
4	標準偏差	10	10	10	10				
5	例数	20	20	20	20		80		
6									
7		(群平均-全平均)の2乗-A	(群平均-全平均)の2乗-B	(群平均-全平均)の2乗-C	(群平均-全平均)の2乗-D	群間変動を表す平方和	群間自由度	群間平均平方	F
8		225	25	25	225	10000	3	3333	33.33
9									
10		群内変動を表す平方和A	群内変動を表す平方和B	群内変動を表す平方和C	群内変動を表す平方和D	群内変動を表す平方和	群内自由度	群内平均平方	
11		1900	1900	1900	1900	7600	76	100	
12									
13	分散は偏差平方和の平均なので、標準偏差を2乗し(n-1)を掛けて群内変動を表す平方和を求めた								

図6.9 分散分析

6.1.6 平均値の多重比較

分散分析では、対象とするすべての群の間の平均値に差があるかどうかを検討しました。しかし、どことどこに平均値の差があるかの傾向をつかむために、群同士をいろいろと組み合わせて比較することには、注意が必要です。すでに示したように、n 群あれば $n \times (n-1)/2$ 種類の組み合わせがあります。6群から2群を抜き出す組み合わせは15種類、7群であれば21通りです。

これまでに述べた「有意水準5%」という話は、偶然でも20回に1回はそのような状況が起こりうるということです。すると、群が多くなるといくらでも偶然に5%以下になるものが存在します。この問題は多重比較と呼ばれる方法で検討します。

多重比較の詳細は専門書にゆずりますが、一番単純な方法は、有意水準を試料の組み合わせ数で割った値に下げる方法です。これを**ボンフェロニ法**(Bonferroni法)と呼びます。手法としてはかんたんですが、群の数が多くなると個々の検定の有意水準が急激に低くなり、有意差が出にくくなる欠点があります。

たとえば、試料の数を2から8まで増やした場合、ボンフェロニ法の有意水準は5%から0.18%まで低下します(**図6.10**)。

	A	B	C	D	E	F	G	H
1								
2	n	2	3	4	5	6	7	8
3	n個から2個をとる組合わせ	1	3	6	10	15	21	28
4	有意水準	5	1.667	0.833	0.5	0.333	0.238	0.179
5								

図6.10　ボンフェロニ法での試料の群の数と有意水準（%）

☑ 初心者が陥りやすい「t検定の罠」？

　分散分析と多重比較の概念を解説しました。統計の初心者の方で多く見かける間違いは、t検定をいくつものペアで行うケースです。組み合わせが増加すると偶然そのような結果が得られる割合も増加してしまうので、行ってはいけません。

6.2 【例題】分散分析の例題―3つの病院におけるヒールの高さ

6.2.1　ヒールの高さに違いはあるか？

　筆者は仕事の関係上、多くの病院で講演をするとともに、統計解析の例題となるデータをいただいています。ここに示すのは、愛知県と岐阜県の中堅規模の3病院で、受講者であった20代の女性看護師を対象に、普段はいている靴のヒールの高さを聞いたデータです。病院によってヒールの高さに有意な差は認められるでしょうか？

　もし差が認められれば、靴屋にとっては重要なマーケティングリサーチの情報となりますし、統計解析をする筆者はその理由に興味が出てきます。単純にファッションの傾向が病院ごとに異なるのかもしれませんし、あるいは病院の立地や主な通勤手段によって違いが出てきているのかもしれません。

　まずは、3病院でヒールの高さに違いがあるかを分散分析で検討してみましょう。

6.2.2　生データから分散分析を行う

　図6.11のデータをExcelのシートに記入してください（**3病院の生データ.xlsx**）。列Bに「ID」と書いていますが「順番」程度の意味です。CN、KT、TNは3箇所の病院の名前で、各数値はヒールの高さ〔cm〕を示したものです。

6.2 【例題】分散分析の例題ー3つの病院におけるヒールの高さ

	B	C	D	E
	ID	CN病院	KT病院	TN病院
	1	5	2	4
	2	5	3	7
	3	7	5	3
	4	6	5	3
	5	5	8	4
	6	5	7	5
	7	7	3	4
	8	7	5	3
	9	5	8	5
	10	5	5	6

図 6.11　3病院の生データ

分散分析を行うには、郡内変動を示す平方和と群間変動を示す平方和を求めることがキーポイントです。生のデータが手元にある場合、これらの値はかんたんに求められます。前節で4県の身長の差を検討したときと同じ手順で分散分析を行います（**図 6.12**）。

	B	C	D	E	F	G	H	I	J	K	L	M
	ID	CN病院	KT病院	TN病院			CN病院	KT病院	TN病院			
	1	5	2	4		⑦	0.49	9.61	0.16			
	2	5	3	7			0.49	4.41	6.76			
	3	7	5	3			1.69	0.01	1.96			
	4	6	5	3			0.09	0.01	1.96			
	5	5	8	4			0.49	8.41	0.16			
	6	5	7	5			0.49	3.61	0.36			
	7	7	3	4			1.69	4.41	0.16			
	8	7	5	3			1.69	0.01	1.96			
	9	5	8	5			0.49	8.41	0.36			
	10	5	5	6			0.49	0.01	2.56			
①	群平均	5.70	5.10	4.40								
②	全平均	5.07	5.07	5.07								
③	(群平均−全平均)²	0.40	0.00	0.44		⑧	(個体の観測値−群平均)²					
							8.10	38.90	16.40			
④	群間変動を表す平方和	8.47				⑨	群内変動を表す平方和	63.40	群間変動を表す平方和＋群内変動を表す平方和	71.87			
⑤	群間平均平方	4.23				⑩	群内平均平方	2.35			⑪	F比	1.80
										⑫	p	0.18
⑥	全体の偏差平方和	71.87										

図 6.12　分散分析の計算

1. 各列の平均を群平均として求める。
2. 全体の平均を求め、各列に配置する。
3. (群平均−全平均)² を求める。
4. その値を合計し、群間変動を示す平方和を求める。
5. 列の数が3なので、全平均を求めるのに使用した情報の1を引き、自由度を2と

考える。群間変動を示す平方和を自由度で割り、群間平均平方を求める。

6. 検算のために、全体の偏差平方和を DEVSQ 関数で求める。理論的には、「全体の偏差平方和＝群間変動を示す平方和＋群内変動を示す平方和」となる。
7. 「(個体観測値－群平均)^2」である偏差平方を、全データについて求める。
8. 群ごとに、「(個体観測値－群平均)^2」の合計を求める。
9. セル範囲 H15:J15 の3つの合計を求め、群内変動を示す平方和を求める。このときに群間変動を示す平方和との合計を計算し、全体の偏差平方和と比較する。この値が一致しないと、どこかで計算違いがある。
10. 全体の変数の個数 30 から群ごとの平均を求めた数の3を引き、自由度を 27 とする。「群内変動を表す平方和 / 自由度」から群内平均平方を求める。
11. 「群間平均平方 / 群内平均平方」から F 比を求める。
12. =1-F.DIST(M17,2,27,TRUE) で p 値を求める。ここで2は群間平均平方の自由度、27 は群内平均平方の自由度にあたる。

つまり、結局 $p = 0.18$ となり、有意水準 0.05 で「3病院のヒールの高さが等しい」という帰無仮説を棄却できません。今回の結果は、「普段はくヒールの高さは、常識的な高さでほぼ一緒であり、地域や勤務先にはあまり左右されない」とも解釈できるでしょう。

6.2.3 箱ひげ図による検討

今回の分散分析では、最終的な結果が $p = 0.18$ となり、危険率 0.05 で「3病院のヒールの高さが等しい」という帰無仮説を棄却できません。数値だけではここまでの結果しか分かりませんが、箱ひげ図（**箱ひげ図.xlsx**）を作成すると図 6.13 のようになり、CN 病院の分散は小さいが TN 病院の分散は大きいことが判明します。

ヒールの高さのばらつきからは、「在職年数によってヒールの高さに変化があるのではないか」「通勤時間や通勤手段がヒールの高さに影響を与えるのではないか」「病院によって規則が異なるのではないか」など、いろいろな仮説が考えられます。

何度も強調しますが、やはり最初にデータを入手したときに箱ひげ図でデータがどのような分布をしているかを把握し、それから詳しい検定を行うべきです。検定の結果のみを重視すると、ここに示したような大事なヒントを見逃す危険があります。筆者は、「検定は便利だが、何事も地道に解析するのが肝心である。とにかく最初にグラフを作りなさい」と学生に教えています。

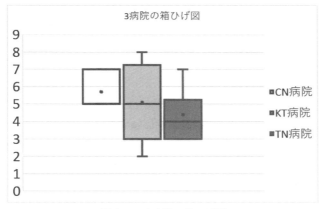

図 6.13　3 病院の箱ひげ図

☑ 統計結果の裏にある情報を推察せよ

　これまで扱ってきた分散分析は、**繰り返しのない一元配置分散分析**ともいいます。繰り返しのある場合の、より複雑な形式の分散分析は本書では扱っていません。これらの説明はほかの本にゆずります。

　分散分析は確かに群間の平均値の違いを検討するものですが、えてして統計の初心者の方は、F 比から p 値を求めて終わりにしてしまいます。有意差があればよいのではなく、分散が等しくても異なっていても、そこになにか重要な情報が隠れていないかを検討する態度が必要です。

　統計結果の裏に潜むものを推察してこそ、はじめて統計解析のノウハウが身につくのです。

6.3 回帰分析とは

6.3.1　2 つの変数の関係を考える

　回帰分析とは、大まかにいうと、連続尺度の 2 変量の関係を散布図で見て、その関係を考察する方法です。もし 2 変量の間になんらかの関係があれば、プロットされた点は直線や曲線の上に並ぶはずですし、関係がなければばらばらにプロットされます。

　ここで、2 つの変数を直線で関係づけることを考えましょう。幾何学から直線の式は $y = a + bx$ という式（**回帰式**）で表現できます。この場合、x を**独立変数**、y を**従属変数**と呼び、a は y 軸上の**切片**、b は**傾き**と呼びます。

回帰分析では、独立変数から従属変数をどの程度効率よく推測できるかが議論されます。

6.3.2　演習シートで回帰分析を体験する

相関関係のあるデータを生成するには、回帰分析の概念を理解してからでないと無理があります。そのため本項では、実際の値でなく、次の手順に従ってシミュレーション用のデータを準備してください（**回帰分析を体験する.xlsx**）。このシミュレーションデータは、若い世代の女性の実際の BMI と理想とする BMI の、ほぼ実際の値に沿ったものです。

図中の ρ はのちほど出てくる相関係数 R です。この値が大きければ、実際の BMI と理想の BMI はほぼ直線関係になります。「SQRT$(1-\rho^2)$」の部分はそれ以外の影響を受ける部分と考えてください。

ここに示すのは、標準正規分布に従う 2 つの乱数から、指定された ρ をもとに $y = a + bx$ なる値を生成する方法です。最初に、X、Y の部分には =NORM.S.INV(RAND()) を用いて正規分布乱数を準備します（図6.14、表6.3）。

	A	B	C	D	E	F
1					平均	標準偏差
2	ρ	0.8		実際のBMI	21	2.6
3	SQRT(1-ρ²)	0.6		理想のBMI	19	1.4
4						
5						
6	X	Y	U	V	実際のBMI	理想のBMI
7	1.2002	-0.1755	0.9602	0.8549	23.4965	20.1969
8	-0.7447	0.0211	-0.5958	-0.5831	19.4510	18.1836
9	2.2793	0.7312	1.8234	2.2621	25.7409	22.1670
10	0.2378	0.8678	0.1902	0.7109	21.4946	19.9953

図 6.14　例題データの準備

1. U は X の値に ρ を掛けて求めます。
2. V は、Y の値に「SQRT$(1-\rho^2)$」を掛け、さらに U の値を足して求めます。これらは標準正規分布に従う乱数に ρ だけ影響を受ける値と、「SQRT$(1-\rho^2)$」だけ影響を受ける値を求めているようなものです。
3. 列 E の実際の BMI の値は、U の値に実際の BMI の平均（セル E2）と標準偏差（セル F2）を用いて求め、列 F の理想の BMI の値は V の値をもとにセル E3、F3 の理想の BMI の平均と標準偏差を用いて同様に求めます。

このケースでは $y = a + bx$ に従うシミュレーション用のデータをセル範囲 A7:F112 の 106 行に用意しました（図6.14）。次に、ここで求めたデータから、かんたんに $y = a + bx$ の切片 a と傾き b を求めてみましょう。

表 6.3　セル・セル範囲・列の役割（回帰分析）

列A：列B	=NORM.S.INV(RAND()) で標準正規分布に従う乱数を求める。
列C	列 A の値に相関係数を掛けて、U とする。
列D	列 C の値に標準正規分布乱数×「SQRT$(1-\rho^2)$」を加えて V とする。
列E	U の値にセル F2 の標準偏差を掛けて、セル E2 の現実の BMI の平均を加え、現実の BMI をシミュレートするデータを求める。
列F	V の値にセル F3 の標準偏差を掛けて、セル E3 の理想の BMI の平均を加え、現実の BMI をシミュレートするデータを求める。

6.3.3　かんたんに傾きと切片を求めるための散布図の作成

1. 理想の BMI と実際の BMI の部分（セル範囲 E6:F112）をドラッグし、メニューから「挿入」→「グラフ」→「散布図」と選び、散布図を作成します。
2. できあがった散布図のグラフの軸、プロットエリア、X 軸、Y 軸のタイトルなどを調整しグラフを作成します。
3. グラフ部分を左クリックし、メニューから「グラフツール」→「デザイン」→「グラフのレイアウト」→「グラフ要素を追加」と選び、さらに「近似曲線」→「線形」と選びます。
4. グラフの中の近似直線を右クリックし、「近似曲線の書式設定」から「グラフに数式を表示する」「グラフに R-2 乗値を表示する」にチェックを入れます。
5. 近似直線として回帰直線と R^2 値が表示されますので、表示されたテキストの大きさなどを適宜調整します（図 6.15）。

「F9」キーを押して正規分布乱数を再度求め、グラフがどのように変化するかを見てみましょう。また、グラフ中に示される R^2 の値が、どの程度まで変化するか見てください。

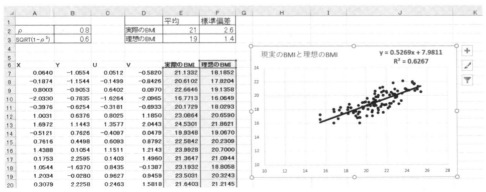

図 6.15　散布図の完成

本項で例としたBMIの関係では、とくに重要な応用ができるわけではありません。しかし、直接は測定できない値をほかの測定値から推測するような場合に、この回帰分析の考えを利用できます。

たとえば、体の中の脂肪の割合を測定することは、意外と難しいことです。しかし、体に微弱電流を流して、そのインピーダンス（一種の抵抗）から脂肪の割合を回帰分析で求めることが、家庭用の体脂肪計で行われています。これまでの各種の分析は、平均値の差や頻度の差といった特定の値を検討する内容が多かったのですが、回帰分析は「1つの値からもう1つの値を推測する」という応用範囲の広い分析であることに注意してください。

6.3.4　回帰分析の概念

シミュレーション用のデータを作成し、それから散布図を作るという少し遠回りの処理をしましたが、ここで示した直線がある意味で回帰分析の結果を示しています。

「F9」キーを押すと、正規分布乱数が再生成されるので、グラフの様子も変化します。しかし何度も「F9」キーを押してみると、大体似通ったグラフになることが分かります。また、表の相関係数 ρ の値を変えると、散布図の様子も変わります。

今回のデータで回帰分析を行うとは、「理想のBMI $= a + b \times$ 実際のBMI」という直線の式を用いて「現実のBMI」から「理想のBMI」を推測しようとする考えです。ここで、$y = a + bx$ の形式の直線の公式において、どのように直線の切片 a と傾き b を求めるかが問題になります。

考えられる方法の1つは、各点から垂線を回帰直線に下ろし、この操作をすべての測定点について合計を求め、その和を最小になるように調整を行うというものです。その模式図は図6.18（6.3.7項）の残差平方和に示しました。これは、直感的には、グラフの散布図のどの点からも等距離になるように直線を引く作業に相当します。この手法を**最小二乗法**といいます。

最小二乗法では、次の公式（回帰式）で $y = a + bx$ の a と b を求めます。a は切片、b は回帰係数と呼ばれます。

$$回帰係数 \quad b = \frac{x と y の共分散}{x の分散} = \frac{s_{xy}}{s_x^2}$$

$$切片 \quad a = y の平均値 - 回帰係数 (b) \times x の平均値 = \bar{y} - \frac{s_{xy}}{s_x^2} \times \bar{x}$$

$$回帰式 \quad y = a + bx = \frac{s_{xy}}{s_x^2} x + \left(\bar{y} - \frac{s_{xy}}{s_x^2} \bar{x} \right)$$

ここで、b の分子部分に共分散という見慣れない値が出てきました。分散はばらつきを示す量で、各値と平均値の差、つまり偏差を求めその 2 乗の和から平均を求めたものです。この分散の考えを発展させると、変数 x についての偏差と変数 y についての偏差を掛け合わせて平均を求めることができます。これを x と y の**共分散**と定義します。ここで、共分散 s_{xy} と、x の分散 s_x^2 と、y の分散 s_y^2 と、x の標準偏差 s_x と、y の標準偏差 s_y であることに注意して、式を書き直すと次のようになります。

x と y の共分散　　　$s_{xy} = \dfrac{\sum (x - \bar{x}) \times (y - \bar{y})}{n}$

相関係数　　　$r_{xy} = \dfrac{s_{xy}}{s_x s_y} = \dfrac{s_{xy}}{\sqrt{s_x^2 s_y^2}}$

決定係数　　　$r_{xy}^2 = \dfrac{s_{xy}^2}{s_x^2 s_y^2}$

なお、相関係数を R、決定係数を R^2 のように大文字で示すこともあります。

6.3.5　回帰係数と切片を求める

Excel で散布図に直線をあてはめる場合、回帰係数とも呼ばれる傾き b と切片 a が自動的に求まります。しかしここでは、公式を使って自分で傾き b と切片 a を求めてみましょう。

図 6.16 では、今回生成した 106 件のデータをほかのシートに貼り付けて解析を行っていますが、100 件でも 50 件でも構いません。共分散は定義に従って求めてもよいのですが、COVARIANCE.P 関数を用いるとかんたんに求まります（関数の詳細は Excel のヘルプで調べてください）。データは図 6.15 で使用したものです。定義に従って求めた各種の変数を見ると、図 6.15 の中で表示された a と b の値が正しく表示されていることが分かります。

第6章 分散分析と回帰分析の実践

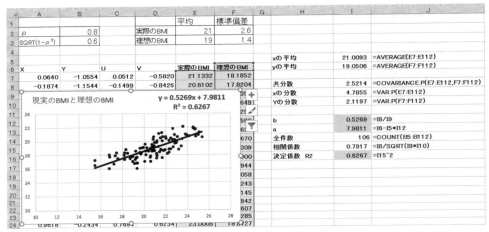

図6.16 定義に従って各種の変数を求める

6.3.6 相関係数

2変数の間の関連性の強さは、回帰による変動を示す平方和と残差による平方和を用いて次のように表現できます。これは**ピアソンの相関係数**と呼ばれています。

$$\text{ピアソンの相関係数} = \sqrt{\frac{\text{回帰による変動を示す平方和}}{\text{回帰による変動を示す平方和} + \text{残差による変動を示す平方和}}}$$

上記の分散分析表の値では

$$\text{ピアソンの相関係数} \quad R = \sqrt{\frac{142.8689}{142.8689 + 62.4893}} = \sqrt{0.83409}$$

$$\text{決定係数} \qquad R^2 = 0.83409$$

となります。

相関係数が0であればばらばらの散布図、1であれば一直線になると想像はつきます。また正の相関係数は片方の値が増加すればもう片方が増加し、負の相関係数は片方が増加すれば片方が減少すると考えられます。そこで、相関係数と散布図の関係を図6.17に紹介しておきます。ここでは便宜上、正の相関係数のみを示しますが、負の場合は回帰直線が右肩下がりになるだけです。

216

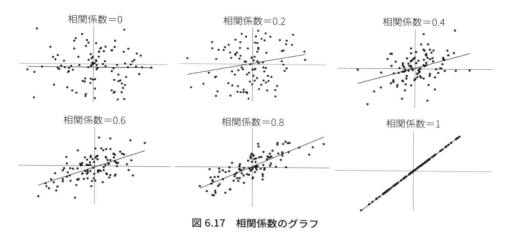

図 6.17 相関係数のグラフ

一般的に、相関係数の値が $0.0 \leqq |r| \leqq 0.2$ は「ほとんど相関がない」、$0.2 < |r| \leqq 0.4$ は「弱い相関がある」、$0.4 < |r| \leqq 0.7$ は「中程度の相関がある」、$0.7 < |r| \leqq 1.0$ は「強い相関がある」と表現することがあります。

注意しなければいけないのは、相関係数は直線関係を捉えるだけで、曲線関係を捉えることはできないという点です。独立変数の増加にともなって、一度従属変数が増加し、また減少するなど一種の曲線関係が変数間にあると、相関係数ではその関係を捉えられません。また、相関係数は独立変数の存在する範囲だけにあてはめることができます。これはたとえば、ダイエットをして数日で数キロ減ったからといって、数年後に体重が 0 kg にならないことからも分かるでしょう。

6.3.7 回帰分析と分散分析の関係

相関係数を求めるときに「変動を示す平方和」という見慣れない用語がでてきました。その「変動を示す平方和」という用語はどこか「分散分析」に関係があるような雰囲気があります。そこで、分散分析と回帰分析の関係を調べましょう。

あまり知られていませんが、回帰分析と分散分析は似通った方法です。この説明は少々難しいので、回帰分析と分散分析の関係に興味がある人のみ読んでください。初心者の方は読み飛ばしても差し支えありません。

回帰分析には、少し面白いことがあります。各点から回帰直線に下した直線の平方和は、最適に調整した回帰直線から個々のデータへの偏差を示していることになり、分散分析における群内変動の平方和と同じものです。そのため、この値を**残差による変動を示す平方和（残差平方和）** (Sum of Squares (Residual)) といいます。

そうすると、分散分析における郡間変動の平方和がなにになるか興味がわいてきます。これは、理想の BMI の平均である水平線から各点までの距離を 2 乗して加えたものにあたり、**回帰による変動を示す平方和**（Sum of Squares due to regression）といわれます。

図 6.18 に各種平方和の概念を示します。

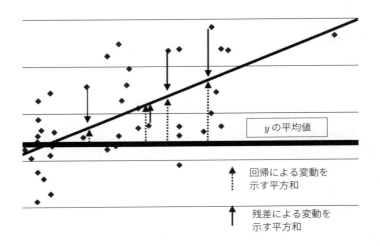

図 6.18　各種平方和の概念

これらの関係は分散分析表として出力されますが、自分で求めてみましょう。

この計算は、回帰係数 b と切片 a が求まり、$y = b + ax$ の公式が明確になったところから話が始まります。今度は、再度新しいデータを生成して現実の BMI と理想の BMI を生成し、回帰分析と分散分析の関係を検討します（**図 6.19**）。なお、COVARIANCE.P 関数、VAR.P 関数は対象とするデータを母集団とみなした場合に共分散と分散を求める関数です。

6.3 回帰分析とは

	B	C	D	E	F	G	H	I
1								
2	現実のBMI	理想のBMI	回帰式の値	残差による変動を示す平方	回帰による変動を示す平方			
3	27.55	22.04	=B3*$I$10+$I$11	=(C3-D3)^2	=(D3-$I$4)^2		xの平均	=AVERAGE(B3:B108)
4	21.21	18.61	=B4*$I$10+$I$11	=(C4-D4)^2	=(D4-$I$4)^2		yの平均	=AVERAGE(C3:C108)
5	20.34	19.48	=B5*$I$10+$I$11	=(C5-D5)^2	=(D5-$I$4)^2			
6	20.34	19.48	=B6*$I$10+$I$11	=(C6-D6)^2	=(D6-$I$4)^2		共分散	=COVARIANCE.P(B3:B108,C3:C108)
7	17.89	18.87	=B7*$I$10+$I$11	=(C7-D7)^2	=(D7-$I$4)^2		xの分散	=VAR.P(B3:B108)
8	22.6	19.31	=B8*$I$10+$I$11	=(C8-D8)^2	=(D8-$I$4)^2		Yの分散	=VAR.P(C3:C108)
9	21.1	20.28	=B9*$I$10+$I$11	=(C9-D9)^2	=(D9-$I$4)^2			
10	23.83	18.9	=B10*$I$10+$I$11	=(C10-D10)^2	=(D10-$I$4)^2		b	=I6/I7
11	24.77	21.34	=B11*$I$10+$I$11	=(C11-D11)^2	=(D11-$I$4)^2		a	=I4-I3*I10
12	24.54	20.45	=B12*$I$10+$I$11	=(C12-D12)^2	=(D12-$I$4)^2			
13	21.15	19.65	=B13*$I$10+$I$11	=(C13-D13)^2	=(D13-$I$4)^2		相関係数	=I6/SQRT(I7*I8)
14	20.23	19.23	=B14*$I$10+$I$11	=(C14-D14)^2	=(D14-$I$4)^2		決定係数 R2	=I13^2
15	19.34	17.58	=B15*$I$10+$I$11	=(C15-D15)^2	=(D15-$I$4)^2			
16	17.53	18.29	=B16*$I$10+$I$11	=(C16-D16)^2	=(D16-$I$4)^2		残差による変動を示す平方和	=SUM(E3:E108)
17	20.11	19.16	=B17*$I$10+$I$11	=(C17-D17)^2	=(D17-$I$4)^2		回帰による変動を示す平方和	=SUM(F3:F108)

図 6.19 回帰係数と残差による平方和の数式表現

図 6.19 の変数をもとに分散分析表を作成すると、**図 6.20** のようになります。

	B	C	D	E	F	G	H	I	J	K	L	M	N	O	P
2	現実のBMI	理想のBMI	回帰式の値	残差による変動を示す平方	回帰による変動を示す平方										
3	27.55	22.04	22.0849	0.0020	7.9093		xの平均	21.0918		要因	平方和	自由度	平均平方	F比	P
4	21.21	18.61	19.3240	0.5098	0.0026		yの平均	19.2725		回帰	142.87	1	142.87	237.77	1.26E-28
5	20.34	19.48	18.9452	0.2860	0.1072					残差	62.49	104	0.60		
6	20.34	19.48	18.9452	0.2860	0.1072		共分散	3.0951				105			
7	17.89	18.87	17.8783	0.9835	1.9440		xの分散	7.1075							
8	22.6	19.31	19.9293	0.3836	0.4314		Yの分散	1.9373							
9	21.1	20.28	19.2761	1.0078	0.0000										
10	23.83	18.9	20.4650	2.4491	1.4218		b	0.4355							
11	24.77	21.34	20.8743	0.2169	2.5656		a	10.0877							
12	24.54	20.45	20.7741	0.1051	2.2548										
13	21.15	19.65	19.2979	0.1240	0.0006		相関係数	0.8341							
14	20.23	19.23	18.8973	0.1107	0.1408		決定係数 R2	0.6957							
15	19.34	17.58	18.5097	0.8643	0.5819										
16	17.53	18.29	17.7215	0.3232	2.4058		残差による変動を示す平方和	62.4893							
17	20.11	19.16	18.8450	0.0992	0.1828		回帰による変動を示す平方和	142.8689							
18	23.62	21.34	20.3735	0.9341	1.2121										
107	23.83	19.53	20.4650	0.8741	1.4218										
108	22.72	20.28	19.9816	0.0891	0.5027										

図 6.20 分散分析表の作成

回帰の行は、回帰による変動を示す平方和にあたります。また、残差の行は、群内変動の平方和と同じもので、残差による変動を示す平方和（残差平方和）にあたります。分散分析の結果は、これまで学んできたように、全体の効果が「回帰と残差からどのように構成されているか」を示しています。「回帰による平均平方 / 残差による平均平方」の比を考えたとき、回帰による効果が大きければその比は大きな値になります。

分散分析では、図 6.1 と図 6.2（6.1.2 項）に示したように、全体のばらつきを「群の間でのばらつきである群間平均平方」と「各群の中でのばらつきである群内平均変動」に分解します。そして「群間平均平方 / 群内平均平方」を求め、この値が大きくなると、各群の分布が離れたと考えました。

回帰分析では同じように、全体のばらつきを回帰による平均平方と残差による平均平方に分解します。両者の比を求め、この値が大きくなると、回帰による影響が大きくなると考えるのです。

ここまでの話で、グラフの形はまるで異なりますが、分散分析と回帰分析は似通った点があることが理解できたことでしょう。

6.3.8 演習シートで相関係数を体験する

いつものように演習シートを作って、相関係数がどのような分布になるかを体験しましょう（**相関係数を体験する.xlsx**、図 6.21、表 6.4）。ここでは、標準正規分布に従う変数であるUとVを106個ずつ生成し、今まで学習したように両者の間に相関関係を設定します。

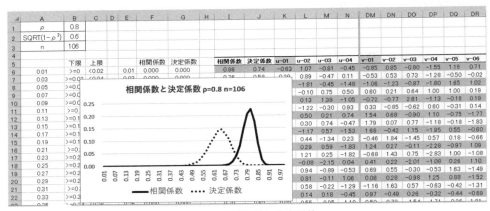

図 6.21　相関係数と決定係数

表 6.4　セル・セル範囲・列の役割（相関係数）

B1	相関係数。
B2	$\sqrt{1-\text{相関係数}^2}$
B3	全体の件数（例数）。この例では、BMI の演習で 106 人まで扱ったので 106 までとした。
列 K：列 DL	=NORM.S.INV(RAND())*$B$1 で変数 U として 106 列設定する。
列 DM：列 HN	=[@[u-01]]+NORM.S.INV(RAND())*$B$2 で変数 V 用に 106 列設定する。
列 I	=CORREL(K6:OFFSET(K6,0,$B$3-1),DM6:OFFSET(DM6,0,$B$3-1)) で相関係数を求める。
列 J	=[@相関係数]^2 で決定係数を求める。
列 F	=COUNTIFS($I$6:$I$10005,B6,$I$6:$I$10005,C6)/10000 で相関係数の分布を求める。
列 G	=COUNTIFS($J$6:$J$10005,B6,$J$6:$J$10005,C6)/10000 で決定係数の分布を求める。

相関係数と n を変化させると、全体の分布が変化します（**図 6.22**）。相関係数が 0.8 のままで $n=30$ とすると、相関係数の分布がかなり広がることが分かります。少ない例数で相関係数を求めると存在する範囲が広くなり、単に「相関係数が大きい」といってしまうと問題が生じる可能性があることが、この演習シートから体験できます。

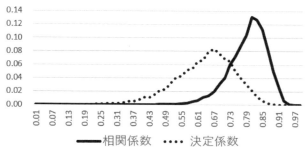

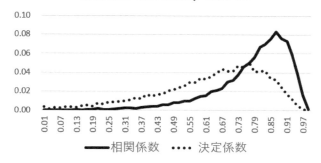

図 6.22　相関係数と決定係数（$n=30$ と $n=10$ の場合）

☑ より高度な解析は重回帰分析やロジスティック回帰分析で

　見かけは異なる回帰分析と分散分析も、理論的には同じように理解できることを示しました。

　独立変数と従属変数の間の単純な直線回帰のみで議論をするケースは少ないのですが、回帰分析の基本ということで直線回帰を取り上げました。より高度な解析としては、重回帰分析、ロジスティック回帰分析がありますが、詳しい内容は各種の専門書を参考にしてください。

第7章
U 検定と Wilcoxon の符号付順位和検定

満足度を調査したアンケート結果の解析などでは、単純に平均値をとって t 検定を行うことは正しくありません。本章では、順序尺度の変数の解析手法である U 検定と Wilcoxon の符号付順位和検定を学習します。これらの手法は、マーケティングリサーチやアンケート分析を行いたい人に、ぜひマスターしていただきたい解析手法です。

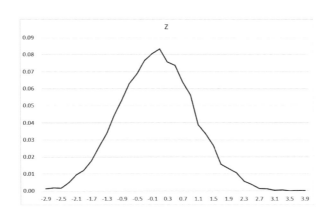

7.1 順位による検定

7.1.1 「対応のない順序尺度の検定」と「対応のある順序尺度の検定」

　t検定では、標本の分布が正規分布であることが要求されています。しかし、変数の分布に正規性が仮定できない分布はいくらでもあります。

　データの分布の型に依存する検定は**パラメトリック検定**といい、それに対して分布の型に依存しない検定を**ノンパラメトリック検定**といいます。本章では、ノンパラメトリック検定の中でも、対応のない順序尺度の検定として **Mann-Whitney（マン・ホイットニー）の U 検定**を取り上げます。また、対応のある順序尺度の検定としては **Wilcoxon（ウィルコクソン）の符号付順位和検定**を取り上げます。

　なお U 検定は、本によっては Wilcoxon の順位和検定という名称で取り上げられていますが、U 検定と本質的に同じものです。本章では U 検定として説明を行います。

7.1.2 順位の性質

　U 検定では、平均や標準偏差などの統計量に代わりに「順位」で中央値の検定を行います。順位の代表的な例として、アンケートの調査で、「とても悪かった」から「とてもよかった」までを4段階で評価する場合、運動会の徒競走の順位のように1等から6等まで等級をつける場合などがあげられます。連続尺度では平均や標準偏差などの計算が意味を持ちますが、順序尺度ではそれらの値は意味を持たず、単に順番のみが意味を持ちます。しかし、変数の分布がどのような型をしていても、必ず順位と中央値は存在します。

　最初に順位の基本的な性質を押さえておきましょう。

　今、n_1 を X 群の個数、n_2 を Y 群の個数、R_1 を X 群の順位合計、R_2 を Y 群の順位合計とします。ここで、順位とはデータを小さい順に並べたときの順番のことです。もし、同じ数字が複数並んでいたら、その順番の平均を求め平均順位として用います。

例

データ	1	2	3	4	4	5	6
順　位	1	2	3	4.5	4.5	6	7

　データの4は4番目と5番目にありますが、本書では4と5の平均4.5をもって両者の順位とします。なお、順位に基づく計算は、途中で間違いを犯しやすいので

$$R_1 + R_2 = \frac{1}{2}(n_1 + n_2)(n_1 + n_2 + 1)$$

という性質を利用して、解析の途中で検算を行います。ここで、上記のような数式を急にいわれても、よく分かりません。しかし、小学校の頃に「1から10まで足したらいくつか」という問題を解いたことがありませんか。素直に計算すれば

$$1+2+3+4+5+6+7+8+9+10$$

で、真面目に計算をすると時間がかかります。しかし最初と最後を足して、$1+10=11$、それが10組あって半分重なっていると考えると

$$\frac{10 \times 11}{2} = 55$$

が答えとなります。

ここで、10個の変数を n_1 と n_2 の2組に分け、変数の順位を1から10まで与えるとします。すると、先ほどの計算で「1から10までを足す」とは、順位を合計していることにほかなりません。したがって

$$R_1 + R_2 = \frac{1}{2}(n_1 + n_2)(n_1 + n_2 + 1)$$

で順位合計が求められることが分かります。

7.1.3　U 検定の概略

t 検定で、平均や標準偏差、不偏分散などを用いたことと異なり、U 検定では、2群の順位をもとにして定義する U_1, U_2 という統計量を求め、U_1, U_2 の中の小さい値である U_{cal} を検定に用います。U_1, U_2 は次の定義で求めます。

$$U_1 = n_1 n_2 + \frac{n_1(n_1+1)}{2} - R_1$$
$$U_2 = n_1 n_2 + \frac{n_2(n_2+1)}{2} - R_2$$

そして、変数の個数と有意水準に対応してあらかじめ決められている数値と U_{cal} を比較し、検定します。大まかにいうと、もし2群の中央値が同じ程度であれば、R_1 と R_2 は近い値をとります。また、中央値が異なっていれば、R_1 と R_2 はかなり異なる値をとる性質を利用して検定します。

7.1.4　U 検定の詳細

U_1, U_2 を導く過程を詳しく説明しましょう。

X 群、Y 群があり、おのおのの個数を n_1, n_2 とします。2 つの標本に含まれるデータをまとめて、値の小さなほうから大きなほうへと順位をつけ、R_1 を X 群の順位和、R_2 を Y 群の順位和と定義します。

このとき、両者を合わせた全体の順位和は

$$\frac{1}{2}(n_1 + n_2)(n_1 + n_2 + 1)$$

となることは先に述べましたね（7.1.2 項）。まずは、Y 群がすべて X 群より大きい場合を考えてみます（**図 7.1**）。

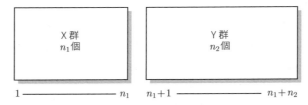

図 7.1　Y 群がすべて X 群より大きい場合

このとき、R_1 は最小値を、R_2 は最大値をとり、次のようになります。

X 群の順位和最小値　$R_{1\min} = \dfrac{n_1(n_1 + 1)}{2}$

Y 群の順位和最大値　$R_{2\max}$ = 全体の順位和 − X 群の順位和最小値

$$= \frac{(n_1 + n_2)(n_1 + n_2 + 1)}{2} - \frac{n_1(n_1 + 1)}{2}$$

$$= n_1 n_2 + \frac{n_2(n_2 + 1)}{2}$$

逆に X 群がすべて Y 群より大きい場合を考えると、**図 7.2** のようになります。

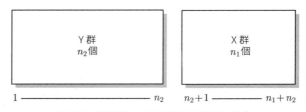

図 7.2　X 群がすべて Y 群より大きい場合

Y群の順位和最小値　　$R_{2\min} = \dfrac{n_2(n_1+1)}{2}$

X群の順位和最大値　　$R_{1\max}$ = 全体の順位和 − 群の順位和の最小値

$$= \dfrac{(n_1+n_2)(n_1+n_2+1)}{2} - \dfrac{n_2(n_2+1)}{2}$$

$$= n_1 n_2 + \dfrac{n_1(n_1+1)}{2}$$

ここで、U_1, U_2 を定義します。これは、おのおのの標本の順位和の最大値と実際の順位和の差を意味する統計量となります。この U_1, U_2 の小さいほうを U_{cal} とし、その U_{cal} をもって検定を行います。

$$U_1 = R_{1\max} - R_1 = n_1 n_2 + \dfrac{n_1(n_1+1)}{2} - R_1$$

$$U_2 = R_{2\max} - R_2 = n_1 n_2 + \dfrac{n_2(n_2+1)}{2} - R_2$$

U 検定では、標本の数によって検定の手順が異なります。

n_1, n_2 のうち、標本数の大きいほうの数が 20 以下のときは、統計学の教科書の巻末にある数表を用い、「$U_{\text{cal}} \leqq$ 表に示した値」であれば帰無仮説を棄却します。

n_1, n_2 が 20 以上の大試料の場合、通常 U 検定の表ではその値を取り上げていません。このようなときの U_1, U_2 の分布は、平均値 μ_U と標準偏差 σ_U の正規分布に近似していることが知られています。ここで、平均値 μ_U と標準偏差 σ_U は、次の式で定義されます。

平均値　　$\mu_U = \dfrac{n_1 \times n_2}{2}$

標準偏差　　$\sigma_U = \sqrt{\dfrac{n_1 n_2 (n_1 + n_2 + 1)}{12}}$

そこで正規分布する U_1, U_2 の中の小さいほうの U_{cal} の分布を、平均値と標準偏差を用いて

$$z = \dfrac{U_{\text{cal}} - 平均値}{標準偏差}$$

と変換し、「標準化」を行います。その結果、z の値は次の式で求まります。これは両側検定になるので、この z を用いて検定を行います。

$$z = \frac{\left| U_{\mathrm{cal}} - \dfrac{n_1 n_2}{2} \right|}{\sqrt{\dfrac{n_1 n_2 (n_1 + n_2 + 1)}{12}}}$$

この z の式は複雑に見えますが、これまでの標準化の手続きと同じで、データから平均値を引いて、標準偏差で割っているだけです。

▶参考文献

E.L. レーマン『ノンパラメトリックス—順位に基づく統計的方法』P.9-14、森北出版株式会社、1978

7.1.5 U 検定を集計表で行う

これまでのように U_{cal} が正規分布することを体験するのですが、その前に、Excel の集計表で U 検定をする場合の手順を紹介します（**集計表による U 検定.xlsx**、図 7.3）。

	A	B	C	D	E	F	G	H	I
1									
2		X	Y	合計	最小順位	最大順位	平均順位	Xの順位小計	Yの順位小計
3	1	26	22	48	1	48	24.5	637	539
4	2	23	17	40	49	88	68.5	1575.5	1164.5
5	3	19	16	35	89	123	106	2014	1696
6	4	15	22	37	124	160	142	2130	3124
7	5	17	23	40	161	200	180.5	3068.5	4151.5
8	合計	100	100					9425	10675
9									
10	Xの件数 n1		100		Xの順位合計 R1			9425	
11	Yの件数 n2		100		Yの順位合計 R2			10675	
12	n1*n2		10000						
13	n1+n2		200		検算	R1+R2		20100	
14	n1+n2+1		201			(n1+n2)*(n1+n2+1)/2		20100	
15									
16									
17		Ucal	U1	U2					
18		4375	5625	4375					
19									

図 7.3　集計表による U 検定

集計表（セル範囲 A3:D8）の右側（セル範囲 E3:I8）に、各順位の合計を記入し、それをもとに最小順位、最大順位、平均順位を求めます。具体的には、以下の手順で行います。

1. セル E3 で最小順位＝1 とします。
2. 最小順位に合計を足して 1 を引き最大順位とします（セル F3）。
3. 最小順位と最大順位の平均をもって平均順位とします（セル G3）。

4. 1行下では、その前の最大順位に1を加えたものを、次の最小順位とします（セルE4）。
5. 1.～4.の作業を繰り返します。
6. XとYの頻度に平均順位を掛け、Xの順位小計（セル範囲H3:H7）、Yの順位小計（セル範囲I3:I7）を求めます。
7. 順位小計の合計をとり、Xの順位合計R1（セルH8）、Yの順位合計R2（セルI8）を求めます。
8. n1、n2、n1*n2、n1+n2、n1+n2+1などの基本的変数を求めます（セル範囲C10:C14）。
9. R1とR2の合計（セルH13）が(n1+n2)*(n1+n2+1)/2と同じ（セルH14）になっているかを確認し、検算します。
10. 次に示す式でU1（セルB18）、U2（セルC18）の2種類の統計量を求め、小さいほうをUcal（セルA18）とします。

$$U_1 = R_{1\max} - R_1 = n_1 n_2 + \frac{n_1(n_1+1)}{2} - R_1$$

$$U_2 = R_{2\max} - R_2 = n_1 n_2 + \frac{n_2(n_2+1)}{2} - R_2$$

このあと、7.1.4項で示した

$$z = \frac{U_{\mathrm{cal}} - 平均値}{標準偏差}$$

で変換して「標準化」を行うと、次の式になります。

$$z = \frac{\left|U_{\mathrm{cal}} - \frac{n_1 n_2}{2}\right|}{\sqrt{\frac{n_1 n_2 (n_1 + n_2 + 1)}{12}}}$$

7.1.6 演習シートで U 検定を体験する

演習シートで、U_{cal} の分布を体験しましょう。ここで作成する演習シートでは、上記に示した集計表を横に展開するため、1つの画面ですべての説明ができません。そこで、演習シートを分割して説明を行います（図7.4～7.9、表7.1～7.6）。

第7章 U 検定と Wilcoxon の符号付順位和検定

	BG	BH	BI	BJ	BK	BL	BM	BN	BO	BP	IN	IO	IP	IQ	IR	IS	IT	IU	IV	IW	IX
1																					
2																					
3																					
4																					
5																					
6	x-01	x-02	x-03	x-04	x-05	x-06	x-07	x-08	x-09	x-10	y-90	y-91	y-92	y-93	y-94	y-95	y-96	y-97	y-98	y-99	y-100
7	2	4	3	2	1	4	1	1	4	4	5	1	5	5	5	5	4	5	3	1	
8	4	4	3	1	3	4	2	2	4	1	5	1	1	3	1	4	4	4	2	5	
9	1	3	2	4	4	2	4	2	4	5	1	4	5	1	5	4	5	5	5	3	
10	4	1	3	2	1	5	1	3	3	3	2	1	5	4	3	1	5	2	2	2	

図 7.4 演習シートによる U 検定(その1)

表 7.1 セル・セル範囲・列の役割(U 検定・その1)

列 BG:列 IX	=RANDBETWEEN(1,5) で 1〜5 の乱数を X として 100 件、Y として 100 件を設定する。

	A	B	C	D	E	F	G	H	I	J	K	L	M	N	O	P	Q	R
1	Xの件数 n1	100																
2	Yの件数 n2	100																
3	n1*n2	10000																
4	n1+n2	200																
5	n1+n2+1	201																
6		下限	上限			Z		X	Y			Z	Ucal	U1	U2	Xの順位合計R1	Yの順位合計R2	R1+R2
7	-2.9	>=-3	<-2.8	-2.9	0.0008		1	23	12			2.432	4005	5996	4005	9055	11046	20100
8	-2.7	>=-2.8	<-2.6	-2.7	0.0022		2	24	19			-0.757	4690	4690	5310	10360	9740	20100
9	-2.5	>=-2.6	<-2.4	-2.5	0.0028		3	16	22			-0.323	4868	4868	5132	10182	9918	20100
10	-2.3	>=-2.4	<-2.2	-2.3	0.0035		4	23	21			-0.426	4826	4826	5175	10225	9876	20100
11	-2.1	>=-2.2	<-2	-2.1	0.0084		5	14	26			-0.043	4983	4983	5018	10068	10033	20100
12	-1.9	>=-2	<-1.8	-1.9	0.0132		計	100	100			-0.354	4855	4855	5145	10195	9905	20100
13	-1.7	>=-1.8	<-1.6	-1.7	0.0190							-2.144	4123	4123	5878	10928	9173	20100
14	-1.5	>=-1.6	<-1.4	-1.5	0.0259							-0.220	4910	4910	5090	10140	9960	20100
15	-1.3	>=-1.4	<-1.2	-1.3	0.0324							-0.291	4881	4881	5119	10169	9931	20100

図 7.5 演習シートによる U 検定(その2)

表 7.2 セル・セル範囲・列の役割(U 検定・その2)

B1:B5	X の件数 n1、Y の件数 n2、計算に必要な n1*n2、n1+n2、n1+n2+1 を求める。
H6:J12	列 BG:列 IX にかけて設定した 1〜5 の乱数について集計表を作る。

7.1 順位による検定

	S	T	U	V	W	X	Y	Z	AA	AB	AC	AD	AE	AF	AG
1															
2															
3															
4															
5															
6	Xの1	Xの2	Xの3	Xの4	Xの5	Yの1	Yの2	Yの3	Yの4	Yの5	合計-1	合計-2	合計-3	合計-4	合計-5
7	23	24	16	23	14	12	19	22	21	26	35	43	38	44	40
8	11	21	26	22	20	16	24	18	24	18	27	45	44	46	38
9	24	16	20	18	22	22	21	19	20	18	46	37	39	38	40
10	18	17	20	22	23	15	24	19	23	19	33	41	39	45	42

図7.6 演習シートによる U 検定（その3）

表7.3 セル・セル範囲・列の役割（U 検定・その3）

列S：列W	Xの値1～5に関して指定した件数n1件分で集計する。セルBGより指定したn1件分についてXの1では"=1"、Xの2では"=2"の件数を求める。
列X：列AB	Yの値1～5に関して指定した件数n2件分で集計する。セルFCより指定したn2件分についてYの1では"=1"、Xの2では"=2"の件数を求める。
列AC：列AG	1～5の値の合計を求める。

	AH	AI	AJ	AK	AL	AM	AN	AO	AP	AQ	AR	AS	AT	AU	AV
1															
2															
3															
4															
5															
6	最小順位-1	最小順位-2	最小順位-3	最小順位-4	最小順位-5	最大順位-1	最大順位-2	最大順位-3	最大順位-4	最大順位-5	平均順位-1	平均順位-2	平均順位-3	平均順位-4	平均順位-5
7	1	36	79	117	161	35	78	116	160	200	18.0	57.0	97.5	138.5	180.5
8	1	28	73	117	163	27	72	116	162	200	14.0	50.0	94.5	139.5	181.5
9	1	47	84	123	161	46	83	122	160	200	23.5	65.0	103.0	141.5	180.5
10	1	34	75	114	159	33	74	113	158	200	17.0	54.0	94.0	136.0	179.5

図7.7 演習シートによる U 検定（その4）

表7.4 セル・セル範囲・列の役割（U 検定・その4）

列AH：列AL	列AHを最小順位1として、そこに合計の値を足して次の最小順位とする。
列AM：列AQ	最小順位に合計を足して1を引き、最大順位とする。
列AR：列AV	（最小順位＋最大順位）/2で平均順位を求める。

第 7 章　U 検定と Wilcoxon の符号付順位和検定

	AR	AS	AT	AU	AV	AW	AX	AY	AZ	BA	BB	BC	BD	BE	BF
1															
2															
3															
4															
5															
6	平均順位-1	平均順位-2	平均順位-3	平均順位-4	平均順位-5	X順位小計-1	X順位小計-2	X順位小計-3	X順位小計-4	X順位小計-5	Y順位小計-1	Y順位小計-2	Y順位小計-3	Y順位小計-4	Y順位小計-5
7	18.0	57.0	97.5	138.5	180.5	414.0	1368.0	1560.0	3185.5	2527.0	216.0	1083.0	2145.0	2908.5	4693.0
8	14.0	50.0	94.5	139.5	181.5	154.0	1050.0	2457.0	3069.0	3630.0	224.0	1200.0	1701.0	3348.0	3267.0
9	23.5	65.0	103.0	141.5	180.5	2547.0	1040.0	2060.0	3971.0	4128.5	517.0	1365.0	1957.0	2830.0	3249.0
10	17.0	54.0	94.0	136.0	179.5	306.0	918.0	1880.0	2992.0	4128.5	255.0	1296.0	1786.0	3128.0	3410.5

図 7.8　演習シートによる U 検定（その 5）

表 7.5　セル・セル範囲・列の役割（U 検定・その 5）

列 AW：列 BA	列 S の X の 1 に列 AR の平均順位 −1 を掛けて、列 AW に X 順位小計 −1 を求める。以下 X について同様に求める。
列 BB：列 BF	列 X の Y の 1 に列 AR の平均順位 −1 を掛けて、列 BB に Y 順位小計 −1 を求める。以下 Y について同様に求める。

	G	H	I	J	K	L	M	N	O	P	Q	AW	AX	AY	AZ	BA	BB
1																	
2																	
3																	
4																	
5																	
6			X	Y		Z	Ucal	U1	U2	X の順位合計R1	Y の順位合計R2	X順位小計-1	X順位小計-2	X順位小計-3	X順位小計-4	X順位小計-5	Y順位小計-1
7	1		30	16		1.607	4343	5658	4343	9393	10708	705.0	990.0	1600.0	2866.5	3231.0	376.0
8	2		15	24		0.737	4699	5302	4699	9749	10352	495.0	1020.0	3075.0	1578.5	3580.0	495.0
9	3		16	13		1.591	4349	5651	4349	9399	10701	451.0	1111.5	2364.0	3113.0	2359.5	369.0
10	4		21	23		1.743	4287	5714	4287	9337	10764	473.0	1281.0	2767.5	2619.0	2196.0	430.0
11	5		18	24		1.363	4442	5558	4442	9492	10608	585.0	1584.0	1352.0	2960.0	3111.0	405.0

図 7.9　演習シートによる U 検定（その 6）

表 7.6　セル・セル範囲・列の役割（U 検定・その 6）

列 P：列 Q	X 順位の小計の合計、Y 順位の小計の合計を求め、おのおの X の順位合計 R1、Y の順位合計 R2 とする。
列 N：列 O	U1、U2 を次の式で求める。 $$U_1 = n_1 n_2 + \frac{n_1(n_1+1)}{2} - R_1$$ $$U_2 = n_1 n_2 + \frac{n_2(n_2+1)}{2} - R_2$$
列 M	U1 と U2 の小さいほうを Ucal とする。
列 L	Z の値を次の式で求める。 $$z = \frac{\left|U_{\text{cal}} - \frac{n_1 n_2}{2}\right|}{\sqrt{\frac{n_1 n_2 (n_1 + n_2 + 1)}{12}}}$$

　この例では、乱数で順位を求めている関係で、U_1、U_2 の理論的な平均値からの偏差は同じになります。そのままでは、z の値はグラフの半分だけになるので、U_{cal} でなく

U_1 を用いて z を求め、その分布をいつものように求めます。すると、z の分布が綺麗に正規分布になることが体験できます。

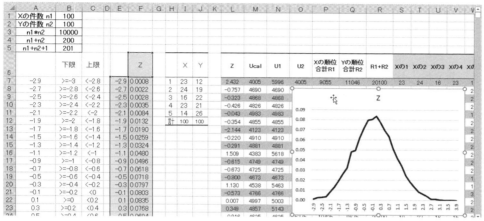

図 7.10　演習シートによる U 検定（その 7）

7.2 Wilcoxon の符号付順位和検定

　U 検定は対応のない順位尺度の検定でしたが、対応のある順位尺度の検定には **Wilcoxon（ウィルコクソン）の符号付順位和検定**を行います。

　「対応のある」とは以前説明したように、質問の前後や、右手と左手の握力差など、自分が注目する変数以外は同一条件（人物）であると仮定できるようなときです。たとえば、建前と本音を聞く質問をした場合、建前と本音が一緒なら回答は同じですが、通常はどちらかにずれるはずです。Wilcoxonの符号付順位和検定は、対応のある2種類の順位の差を求め、両者の分布がほぼ同じであれば差0の近くに分布し、そうでなければ0から離れて分布する性質を利用して検定を行います。

7.2.1　【例題】少数データでの解析—友人と他人のイッキ飲みに対する印象

　Wilcoxonの符号付順位和検定を具体的なデータで学習してみましょう（`wilcoxon-00.xlsx`）。

　大学一年生で過去一年にイッキ飲みをしたことのある人に

　　a. 友人がイッキ飲みをしているのを見る
　　b. 他人がイッキ飲みをしているの見る

第7章 U検定と Wilcoxon の符号付順位和検定

の2種類の意識について、「1. 気にしない」「2. どちらかというと気にしない」「3. どちらかというと気にする」「4. かなり気にする」の4段階で評価したアンケートをとってみました。図 7.11 がその集計結果です。

同一人物で、b−a の間で対応に差があるのかを検定してみましょう。

帰無仮説 H_0：イッキ飲みをしている2種類の状況を見ても回答者の対応に差はない
対立仮説 H_1：イッキ飲みをしている2種類の状況を見ると回答者の対応に差がある

	A	B	C
1			
2	a.友人のイッキ	b.他人のイッキ	b−a
3	2	1	−1
4	3	1	−2
5	1	2	1
6	1	1	0
7	1	1	0
8	1	4	3
9	1	3	2
10	2	3	1
11	1	3	2
12	3	3	0
13	2	3	1
14	2	3	1
15	1	1	0
16	2	4	2
17	1	2	1
18	3	3	0
19	2	3	1
20	1	1	0
21	1	4	3
22	3	4	1
23	1	3	2
24	3	3	0
25	3	3	0
26	1	2	1
27	1	1	0
28	1	1	0
29	2	3	1

図 7.11　質問間の差

このケースでは、同一人物の2種類の質問の1点から4点の評価についての差を求めます。次の質問の回答について、もう少し詳しく考えてみましょう。

a. 友人がイッキ飲みをしているのを見る
b. 他人がイッキ飲みをしているのを見る

b−a の値は −3 から +3 に分布し、そのパターンは以下のようになります。

−3：b の質問には1点（気にしない）、a の質問には4点（とても気にする）
−2：b の質問には1点（気にしない）、a の質問には3点（どちらかというと気にする）

2：bの質問には3点（どちらかというと気にする）、aの質問には1点（気にしない）

3：bの質問には4点（気にする）、aの質問には1点（気にしない）

つまり、b−aがプラスになっているものは、最初に聞いた質問であるbが次のaより不快に感じたものです。すると、b−aの結果では大半の例で値がプラスになり不快になる傾向があるのが分かります。つまり他人がイッキ飲みをしているほうがより不快に感じることになります。ここでb−aの値の集計表を作成し検討します（図7.12）。

この結果を見ると1〜3の正の値が多く存在するため、bの質問をより不快に感じる人が多いことが分かります。

	A	B
1		
2	b-a	合計
3	-2	1
4	-1	1
5	0	10
6	1	9
7	2	4
8	3	2
9	総計	27

図7.12　点数の差の集計

この先、検定を行うのに差の絶対値を求めて、点数の差の集計表を作り、一連の計算をするのですが、あとで汎用的なシートを作るための工夫をしておきます。

一般的にアンケートで順序尺度として何点から何点までを使うかいろいろなケースがありますが、筆者の場合は5段階が多いので5段階を例に取り上げます。尺度が1点から5点までの評価でしたら差の範囲は−4から+4までの範囲になるので、図7.13のように差の分布を記入する行を設けます。そしてU検定のときと同じように、最小順位、最大順位をもとに平均順位（セル範囲G6:G9）を求めますが、結果が0のものは計算から省きます。

差の絶対値をとる前の値に対し平均順位をあてはめて、負の差と正の差のおのおのの順位合計を求めR−をセルJ13に、R+をセルJ17におきます。

U検定で述べたように平均順位の和は$n*(n+1)/2$の性質があります。$n=17$ですので$n*(n+1)/2 = 153$、平均順位の合計 = 153。よって、ここまでの計算は合っていることが分かります。

第7章　U 検定と Wilcoxon の符号付順位和検定

	A	B	C	D	E	F	G	H	I	J
1										
2		−4	−3	−2	−1	0	1	2	3	4
3				1	1	10	9	4	2	
4										
5			差の絶対値	件数	最小順位	最大順位	平均順位			
6			1	10	1	10	5.5			
7			2	5	11	15	13			
8			3	2	16	17	16.5			
9			4	0						
10										
11			差	件数	平均順位	平均順位の計				
12			−4	0						
13			−3	0	16.5			負の差の		18.5
14			−2	1	13	13		順位合計R−		
15			−1	1	5.5	5.5				
16			1	9	5.5	49.5				
17			2	4	13	52		正の差の		134.5
18			3	2	16.5	33		順位合計R+		
19			4	0						
20										

図 7.13　差の絶対値と順位

　ここで R− と R+ の小さいほうを T_{cal} と名付け、その値を T_{cal} とおきます。この場合、$T_{cal} = 18.5$ になります。多くの統計の教科書の巻末にある「Wilcoxon の符号付順位和検定法のための表」(**Wilcoxon の符号順位検定法のための表.xlsx**、図 7.14) を用いて、標本数と有意水準から求まる統計量 T_{cal} が表中の値に等しいか、より小さければ、指定した有意水準での帰無仮説を棄却します。

	A	B	C	D
1				
2			両側検定の有意水準	
3		n	0.05	0.01
4		5	−	−
5		6	0	−
6		7	2	−
7		8	4	0
8		9	6	2
9		10	8	3
10		11	11	5
11		12	14	7
12		13	17	10
13		14	21	13
14		15	25	16
15		16	30	20
16		17	35	23
17		18	40	28
18		19	46	32
19		20	52	38
20		21	59	43
21		22	66	49
22		23	73	55
23		24	81	61
24		25	89	68

図 7.14　Wilcoxon の符号付順位和検定法のための表

今回は、全体で27人ですが、差が0のものを除くと$n=17$となります。図7.14（数表）で$n=17$で0.05の値（p）を見ます。通常の検定の数表では求めた値より大きい場合、帰無仮説H_0を棄却します。しかし、U検定、Wilcoxonの符号付順位和検定の場合は数表より求めた値より小さい場合に帰無仮説H_0を棄却するので注意が必要です。

この数表でnが17の場合の$p=0.05$の値を$T_{17}(0.05)$で表現すると、$T_{cal}=18.5<T_{17}(0.05)=35$となります。また$p=0.01$の値を見ると$T_{cal}=18.5<T_{17}(0.01)=23$となります。つまり、有意水準0.01で帰無仮説$H_0$（対応に差はない）を棄却します。つまり2種類のイッキ飲みを見たときの対応は異なりbの状況により不快感を感じる、つまり他人がイッキ飲みをしているところを見ると、友人がイッキ飲みをしている場合と比較してより不快に感じるわけです。

7.2.2　演習シートでWilcoxonの符号付順位和検定を体験する

演習シートでT_{cal}を正規分布のzに変換して、その分布を体験しましょう（**Wilcoxonの符号付順位和検定を体験する.xlsx**）。ここで作成する演習シートは、U検定のときと同じく集計表を横に展開するため、1つの画面では説明ができません。そこで演習シートを分割して説明を行います。実際の処理は、これまで説明した最小順位、最大順位を求める手順と同じです。

1. 対応のある順序尺度の値の差をとります。今回は1～5点の評価をした結果、2つの差をとるので、−4から4までの分布となります（**図7.15**）。

AW	AX	AY	AZ	BA	EL	EM	EN	EO	EP	EQ	ER
x-01	x-02	x-03	x-04	x-05	x-94	x-95	x-96	x-97	x-98	x-99	x-100
−1	0	2	−1	−1	1	−1	2	1	−3	0	−2
−1	−2	0	1	4	1	1	2	2	3	0	−1
0	2	3	0	4	1	−3	−2	−3	0	2	1
0	0	3	2	1	−2	0	−2	2	1	1	2
0	1	−4	0	0	1	2	0	−3	−2	−2	
0	1	0	2	−3	0	−1	3	−2	1	0	1
−1	4	0	−3	−3	−4	0	3	−2	1	−2	2
					1	−1	−1	0	−4	1	3
−4	−4	−1	−4	0	0	0	3	−1	−2	1	3

図7.15　1～5の乱数の差を求める

2. −4〜4 おのおのの件数を求めます（図 7.16）。

P	Q	R	S	T	U	V	W	X
−4	−3	−2	−1	0	1	2	3	4
3	12	6	18	19	17	14	6	5
4	5	11	14	33	14	10	7	2
2	8	7	13	26	22	12	7	3
4	8	13	14	21	14	9	4	4
6	8	15	14	19	19	10	6	3
4	10	9	14	28	15	10	6	4
6	10	13	12	20	14	10	9	6
3	9	11	8	27	16	14	9	3
3	12	9	13	22	19	8	9	5

図 7.16　差の −4〜4 の件数を求める

3. 差の絶対値が 1〜4 の件数を求め、それらの最小順位、最大順位を求めます（図 7.17）。

Y	Z	AA	AB	AC	AD	AE	AF	AG	AH	AI	AJ
差の絶対値-1	差の絶対値-2	差の絶対値-3	差の絶対値-4	最小順位-1	最小順位-2	最小順位-3	最小順位-4	最大順位-1	最大順位-2	最大順位-3	最大順位-4
35	20	18	8	1	36	56	74	35	55	73	81
28	21	12	6	1	29	50	62	28	49	61	67
35	19	15	5	1	36	55	70	35	54	69	74
34	27	17	8	1	35	62	79	34	61	78	86
33	25	14	9	1	34	59	73	33	58	72	81
29	19	16	8	1	30	49	65	29	48	64	72
26	23	19	12	1	27	50	69	26	49	68	80
24	25	18	6	1	25	50	68	24	49	67	73
32	17	21	8	1	33	50	71	32	49	70	78

図 7.17　差の絶対値が 1〜4 の件数を求め、最小順位、最大順位を求める

4. 最小順位と最大順位をもとに平均順位を求めます（**図 7.18**）。

=([@[最小順位-1]]+[@[最大順位-1]])/2

AC	AD	AE	AF	AG	AH	AI	AJ	AK	AL	AM	AN
最小順位-1	最小順位-2	最小順位-3	最小順位-4	最大順位-1	最大順位-2	最大順位-3	最大順位-4	平均順位-1	平均順位-2	平均順位-3	平均順位-4
1	36	56	74	35	55	73	81	18.0	45.5	64.5	77.5
1	29	50	62	28	49	61	67	14.5	39.0	55.5	64.5
1	36	55	70	35	54	69	74	18.0	45.0	62.0	72.0
1	35	62	79	34	61	78	86	17.5	48.0	70.0	82.5
1	34	59	73	33	58	72	81	17.0	46.0	65.5	77.0
1	30	49	65	29	48	64	72	15.0	39.0	56.5	68.5
1	27	50	69	26	49	68	80	13.5	38.0	59.0	74.5
1	25	50	68	24	49	67	73	12.5	37.0	58.5	70.5
1	33	50	71	32	49	70	78	16.5	41.0	60.0	74.5

図 7.18　最小順位と最大順位をもとに平均順位を求める

5. **図 7.19** の列 T には 0 の個数がありますが、これを除き、−4 〜 −1、1 〜 4 おのおのの順位の小計を求めます。

=[@[-4]]*[@[平均順位-4]]

P	Q	R	S	T	U	V	W	X	AO	AP	AQ	AR	AS	AT	AU	AV
−4	−3	−2	−1	0	1	2	3	4	X順位小計−(−4)	X順位小計−(−3)	X順位小計−(−2)	X順位小計−(−1)	X順位小計−1	X順位小計−2	X順位小計−3	X順位小計−4
3	4	12	19	14	20	14	8	6	246.0	286.0	630.0	380.0	400.0	735.0	572.0	492.0
3	8	14	17	24	17	10	3	4	219.0	512.0	651.0	297.5	297.5	465.0	192.0	292.0
7	9	10	12	28	14	15	3	2	476.0	517.5	390.0	162.0	189.0	585.0	172.5	136.0
6	5	8	15	21	15	19	7	4	447.0	317.5	352.0	232.5	232.5	836.0	444.5	298.0
1	7	8	27	13	20	14	6	4	85.0	532.0	468.0	648.0	480.0	819.0	456.0	340.0
6	16	9	17	20	12	14	4	2	459.0	1000.0	369.0	255.0	180.0	574.0	250.0	153.0
4	11	10	11	22	20	12	5	5	296.0	676.5	425.0	176.0	320.0	510.0	307.5	370.0
7	6	17	11	23	11	14	6	5	500.5	357.0	646.0	126.5	126.5	532.0	357.0	357.5
2	14	7	22	15	20	10	9	1	168.0	994.0	357.0	473.0	430.0	510.0	639.0	84.0

図 7.19　−4 〜 −1、1 〜 4 おのおのの順位の小計を求める

第7章　U検定とWilcoxonの符号付順位和検定

6. 負の差の順位合計 R−、正の差の順位の合計 R+、差が0でない件数 n を求めます（図 7.20）。

`=SUM(テーブル1[@[X順位小計-(-4)]:[X順位小計-(-1)]])`

Z	n(n+1)/4	n(n+1)(2n+1)	負の差の順位合計R−	正の差の順位合計R+	R1+R2	n
−1.415	1871	232	1542	2199	3741	86
1.121	1463	193	1680	1247	2926	76
1.299	1314	178	1546	1083	2628	72
−1.129	1580	205	1349	1811	3160	79
−0.766	1914	236	1733	2095	3828	87
2.221	1620	208	2083	1157	3240	80
0.164	1541	201	1574	1508	3081	78
0.652	1502	197	1630	1373	3003	77
0.721	1828	228	1992	1663	3655	85

図 7.20　負の差の順位合計 R−、正の差の順位の合計 R+、差が 0 でない件数 n を求める

7. n と R+、R− の小さいほうの値 T_{cal} を用いて、次の式で z を求めグラフ化します（図 7.21）。

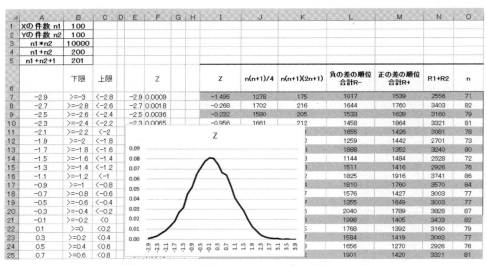

図 7.21　n、R+、R− をもとに Z を求めグラフ化する

ただし、今回は乱数を使って順位尺度の値を求めたため、T_{cal} に R+、R− のどちらを使っても、次の式の分子部分は同じになります。そこで今回は、T_{cal} として R− の値を用いています。そのため次の z の式では、分子部分で T_{cal} から平均値の $n(n+1)/4$ を引いて、それを分母の標準誤差の値で割っていることになります。

$$z = \frac{\left| T_{\text{cal}} - \dfrac{n(n+1)}{4} \right|}{\sqrt{\dfrac{n(n+1)(2n+1)}{24}}}$$

一連の結果、求めた z の分布が綺麗に正規分布になることが分かります。

☑ 効率のよい検定手法を選ぼう

変数に順位のあるときに、順位を無視して単純にカイ2乗検定を行うと、有意差が出にくくなります。そのようなときは、U 検定を行うのが正しい選択です。また Wilcoxon の符号付順位和検定はあまりポピュラーではありませんが、対応をきちんとつけたデータを作成しておけば、少ない数でも有意差を出しやすくなり、効率よく検定ができます。これらは、もっと利用されてもよい検定手法です。

複雑に見えるノンパラメトリック検定も、Excel で分布を体験するとどのような原理で成り立っているかが見えてきたことでしょう。

あとがき

初版あとがき

　2003年5月18日、前日に17年間、一緒に暮らしていた犬のララを天国に送り、落ち込んでいるときにふとあるアイデアがひらめきました。Excelで正規分布に従うデータを次々に発生して記録し、それでグラフを作れば統計学の学習もやさしくできるはずです。今までは数式で理解するしかなかった統計学ですが、いろいろな分布に従うデータを生成し集計してグラフを作って解析すれば、統計の概念を体験できて学習も進むはずです。

　一方、私は以前から統計学を教えるときにいかに学習者に興味を持たせられるかについて、長い間悩んでいました。数式のみの統計学の授業は、数学に興味がない学生にとっては睡魔を呼び寄せる魔法の呪文でしかありません。また現実離れした、身長、体重、パンの重さ、ラーメンの値段を例題に取り上げれば、興味をなくす人が大量に出てしまいます。そこで、多くの学習者にとって身近な問題である、喫煙、お酒のイッキ飲み、セクシャルハラスメントに対する男女の認識差などについて実際に調査したデータを提供しました。

　まず統計学の理論を自分で体験し、次に身近の問題を例題に学習するというコンセプトで本書を作成しました。ある意味で「犬の恩返し」がきっかけで生まれた本といえるでしょう。読者の方が、「今までの本よりは統計学の考えを分かりやすく学習できた」と思っていただければ幸いです。

　本書を作成するのに多くの方のご協力をいただきました。内容の表現に関しては産業医科大学の井上仁郎先生に見ていただきました。また、筆者の関係した、大阪や岐阜で開催した各種研修会に参加者された方々や、中部学院大学短期大学部経営学科1年の情報数学受講者の方々には本書の内容をベースにした講義にお付き合いをいただきました。どうもありがとうございました。

　なお、本書において変数の尺度・対応、U検定の解説に関しては、医学書院発行『統計解析なんかこわくない──データ整理から学会発表まで』（田久浩志・岩本晋 共著）の一部を引用させていただきました。引用のご快諾をいただいた（株）医学書院に感謝の意を表します。

最後になりましたが、本書を執筆するため、帰省してもパソコンに向かう時間が長くなってしまいました。しかしそのような状況でも嫌な顔ひとつせず付き合ってくれた、妻・ちえに感謝します。

2004 年 2 月

田久　浩志

第 2 版あとがき

　『Excel で学ぶやさしい統計学』の初版を世に送り出してから、15 年の月日が流れました。途中 Excel のバージョンが変わり、マクロのプログラムで動かしていたグラフ描画方法がうまく動かなくなってしまいました。しかし、筆者自身、大量データを解析して初めて統計手法を理解できた経験がありますので、なんとかこれを多くの人に届けたいと願っていました。

　マクロを使わずにうまく集計できないだろうか、と考えていたとき、Excel のテーブル機能と COUNTIFS 関数を組み合わせると、楽に大量データを作成して集計できることに気が付きました。その気付きをもとに、初版に新しいアイデアを付け加えて、第 2 版を作成しました。

　この本を作るにあたり、信州大学医学部附属病院臨床研究支援センターと国士舘大学大学院救急システム研究科の皆様に、貴重な御意見をいただきました。ここに期して感謝の意を表します。

　本書が統計学に苦手意識をいだいている皆様のお役にたてば幸いです。

2018 年 10 月

国士舘大学大学院救急システム研究科
国士舘大学体育学部スポーツ医科学科　　　田久　浩志

索 引

[ギリシャ文字]

α エラー ... 129
β エラー ... 129

[数字]

100% 積み上げ縦棒 ... 24
1 試料カイ 2 乗検定 ... 182
2 群の平均を比較する ... 152
2 試料カイ 2 乗検定 ... 182
2 試料カイ 2 乗検定法 ... 110

[B]

BINOM.DIST() ... 98
BMI ... 37

[C]

CHISQ.TEST() ... 185
COMBIN() ... 72
COUNTIFS() ... 30

[F]

F.DIST.RT() ... 203
F.TEST() ... 171
FACT() ... 72
F 検定 ... 168
F 分布 ... 120

[I]

INDIRECT() ... 123

[M]

Mann-Whitney の U 検定 ... 224
McNemar 検定 ... 191
McNemar 検定を模式図で体験する ... 192

[N]

NORM.DIST() ... 135
NORM.S.DIST() ... 105
NORM.S.INV() ... 113

[O]

OFFSET() ... 96

[P]

PERMUT() ... 72

[R]

RANDBETWEEN() ... 18
RANK.EQ() ... 76

[T]

T.DIST() ... 176
T.TEST() ... 177
t 検定 ... 151, 155, 175
t 分布 ... 148

[W]

Welch の検定 ... 181
Wilcoxon の符号付順位和検定 ... 233, 237

[Y]

Yates の補正 ... 191

[Z]

z 検定 ... 155

[あ行]

あてはまりのよさの検定 ... 182, 189
一様乱数のグラフ ... 90
演習シート ... 86
折れ線グラフ ... 28
折れ線グラフの作成 ... 42

[か行]

- カイ2乗分布 ... 109
- 回帰式 ... 211
- 回帰分析 ... 211
- 階乗 ... 70
- 拡張メタファイル ... 26
- 確率質量関数 ... 82
- 確率の分布関数 ... 82
- 確率分布 ... 68
- 確率変数 ... 68, 82
- 確率密度関数 ... 82
- 片側検定 ... 130
- 傾き ... 211
- 間隔尺度 ... 165
- 観察群 ... 126
- 観測度数 ... 109
- 関連性の検定 ... 182

- 記述統計学 ... 8
- 期待度数 ... 109
- 帰無仮説 ... 128
- 級間 ... 203
- 級内 ... 203
- 共分散 ... 215

- 組み合わせ ... 70
- グラフの移動 ... 25
- グラフをパターンで塗りつぶす ... 51
- 繰り返しのない一元配置分散分析 ... 211
- 群間 ... 203
- 群間変動 ... 198
- 群間変動を表す平方和 ... 200
- 郡内 ... 203
- 郡内変動 ... 198
- 郡内変動を表す平方和 ... 201

- 形式を選択して貼り付け ... 35
- 系統誤差 ... 146
- 欠損値 ... 22
- 決定係数 ... 215, 216

- コントロール群 ... 126

[さ行]

- 最小二乗法 ... 214
- 残差による変動を示す平方和 ... 217
- 残差平方和 ... 217, 219
- 算術平均 ... 54
- 散布図 ... 30

- 軸の表示を変更する ... 25
- 自然対数 ... 101
- 質的データ ... 164
- 四分位数 ... 49
- 集計表 ... 55
- 従属変数 ... 211
- 自由度 ... 112, 140, 202
- 順序尺度 ... 164
- 順列 ... 69
- 新規の変数の追加 ... 36

- 推測統計学 ... 8

- 正規分布 ... 28, 104
- 切片 ... 211

- 層化抽出法 ... 137
- 相関係数 ... 215

[た行]

- 第一種の過誤 ... 129
- 対応がある ... 166
- 対応がない ... 166
- 大数の法則 ... 144
- 第二種の過誤 ... 129
- 対立仮説 ... 128
- 多重比較 ... 207

- 中心極限定理 ... 145
- 超幾何分布 ... 74

- データクリーニング ... 31
- データ系列の書式設定 ... 51

- 統計学的仮説検定 ... 126
- 等分散 ... 168
- 等分散の検定 ... 168
- 特異点 ... 49
- 独立性の検定 ... 182, 183
- 独立変数 ... 211

索 引

度　数 16
度数分布 16
度数分布表 16

[な行]
二項分布 91

ノンパラメトリック検定 224

[は行]
背理法 127
箱ひげ図 49
箱ひげ図による検討 210
パラメトリック検定 224
凡例の追加 52

ピアソンの相関係数 216
「ひげ」付きの棒グラフ 49
ピボットグラフ 25
ピボットテーブル 19
ピボットテーブルの更新 22
標準化 107, 133
標準誤差 144
標準正規分布 28
標準得点 133
標準偏差 63
表　側 19
表　頭 19
表のラベルを分かりやすくする ... 22
標本の平均の和と差 153
比例尺度 165

不偏分散 64, 138
分　散 58
分散分析 198
分散分析表 203

平均値 54
平均値の標準誤差 146
平均平方 61, 202
偏　差 57
偏差値 134
偏差の2乗和 57
偏差の自乗和 57
偏差平方 57
偏差平方和 57

ポアソン分布 100
棒グラフ 24
母標準偏差 63, 64
母分散 64, 138
ボンフェロニ法 207

[ま行]
マクローリン展開 101

無作為抽出法 137

名義尺度 164

[ら行]
乱　数 99
ランダム誤差 146

離散量 16
リスト 33
リスト形式 16
両側検定 130
量的データ 164

累積分布関数 28

連続量 16

〈著者略歴〉

田久 浩志（たきゅう　ひろし）

1978年3月	慶応義塾大学工学部電気科卒業
1980年3月	慶応義塾大学工学研究科電気専攻修了　工学修士
1980年4月	産業医科大学共同利用研究施設振動室
1989年9月	東海大学医学部病院管理学教室
1992年5月	東邦大学医学部病院管理学研究室
1993年6月	博士（医学）、東邦大学
2000年4月	中部学院大学短期大学部経営学科　教授
2001年4月	中部学院大学人間福祉学部健康福祉学科　教授
2013年4月	国士舘大学体育学部スポーツ医科学科　教授
	国士舘大学大学院救急システム研究科　教授

専門は医療統計、医療管理学。保健・医療・福祉分野でのビッグデータの解析を専門とし、とくに救急分野でのよりよいサービス提供の方法を研究している。

受賞歴：SAS User's Group International Japan 功績賞（1999）
　　　　ERC Congress 2018, Bologna, Italy　Best of the Best 受賞（2018）

主な著書

『看護研究なんかこわくない（第2版）』（共著、医学書院）
『統計解析なんかこわくない』（共著、医学書院）
『医療者のための Excel 入門』（単著、医学書院）
『私だってできる看護研究』（単著、医学書院）
『JMP による統計解析入門（第2版）』（共著、オーム社）
『マンガでわかるナースの統計学』（共著、オーム社）
『よくわかるウツタイン統計データ解析早わかり』（単著、永井書店）

- 本書の内容に関する質問は、オーム社書籍編集局「（書名を明記）」係宛に、書状または FAX（03-3293-2824)、E-mail（shoseki@ohmsha.co.jp）にてお願いします。お受けできる質問は本書で紹介した内容に限らせていただきます。なお、電話での質問にはお答えできませんので、あらかじめご了承ください。
- 万一、落丁・乱丁の場合は、送料当社負担でお取替えいたします。当社販売課宛にお送りください。
- 本書の一部の複写複製を希望される場合は、本書扉裏を参照してください。

JCOPY＜(社)出版者著作権管理機構　委託出版物＞

Excel で学ぶやさしい統計学（第2版）

平成 16 年 2 月 25 日　　第 1 版第 1 刷発行
平成 30 年 11 月 25 日　　第 2 版第 1 刷発行

著　者　田久浩志
発行者　村上和夫
発行所　株式会社オーム社
　　　　郵便番号　101-8460
　　　　東京都千代田区神田錦町 3-1
　　　　電話　03(3233)0641（代表）
　　　　URL　https://www.ohmsha.co.jp/

© 田久浩志 2018

組版　チューリング　　印刷・製本　壮光舎印刷
ISBN978-4-274-22306-8　Printed in Japan

好評関連書籍

Excelで学ぶ統計解析入門
[Excel 2016/2013対応版]

菅　民郎 [著]
B5変判／376ページ／定価(本体2,700円【税別】)

統計解析は最強のツールである！

Excel 関数を使った例題をとおして学ぶことで統計の基礎知識が身に付くロングセラー『Excel で学ぶ統計解析入門 Excel2013/2010 対応版』の Excel2016/2013 対応版です。本書は例題を設け、この例題に対して、分析の仕方と、Excel を使っての解法の両面を取り上げ解説しています。
Excel の機能で対応できないものは、著者が開発した Excel アドインで対応できます。本書に掲載されている Excel アドインは、(株)アイスタットのホームページからダウンロードできます。

このような方におすすめ
○Excel で統計解析の勉強をしたい人
○統計学のサブテキストとして

Pythonによる統計分析入門

山内　長承 [著]
A5判／256ページ／定価(本体2,700円【税別】)

Python・統計分析、どちらも初心者でも気軽に使える書籍！

本書は、Python を使った統計解析の入門書です。Python についてはインストールから基本文法、ライブラリパッケージの使用方法などについてもていねいに解説し、Python に触れたことがない方でも問題なく使用できます。また、統計解析は、推測統計学の基礎から多変量解析、応用統計学分野（計算機統計学）の決定木まで解説しており、Python を使ってデータ分析したい方に向けて、まず統計解析の基礎を学び、実践的な問題を解決できるように構成しています。

このような方におすすめ
○Python でデータ分析をしたい人
○統計学を学ぶ学生
○企業のマーケティング・情報企画部門

もっと詳しい情報をお届けできます。
◎書店に商品がない場合または直接ご注文の場合も右記宛にご連絡ください。

ホームページ　https://www.ohmsha.co.jp/
TEL／FAX　TEL.03-3233-0643　FAX.03-3233-3440

（定価は変更される場合があります）

F-1806-244